TRAITÉ

DE LA CONSERVATION

DES GRAINS,

ET EN PARTICULIER

DU FROMENT:

Par M. DUHAMEL DU MONCEAU,
de l'Académie Royale des Sciences, de la Société
Royale de Londres, Honoraire de la Société
d'Edimbourg & de l'Académie de Marine ;
Inspecteur Général de la Marine.

Avec Figures en Taille-douce.

Troisième Edition corrigée & augmentée.

PARIS,

Chez LOUIS-FRANÇOIS DELATOUR,
rue S. Jacques, à S. Thomas d'Aquin.

M. DCC. LXVIII.

Avec Approbation & Privilege du Roi.

PRÉFACE.

LE Royaume produit plus de froment qu'il n'en faut pour nourrir ses habitants, puisque si plusieurs années fertiles se succedent, le prix des grains devient si modique que les Laboureurs ne retirent pas de la vente de leur récolte les avances qu'ils ont faites pour la culture de leurs terres.

Assez souvent la terre ne donne que la moitié d'une bonne année ; alors s'il y a du froment vieux en réserve, le prix des grains augmente peu : mais si les greniers sont vuides , les grainis devennent fort chers , parce qu'il faut , je crois, à peu près deux tiers d'une bonne année, pour faire subsister la France ; & la cherté diminuant la consommation des grains [1], il s'ensuit qu'une demi-récolte bien économisée suffit presque pour qu'il n'y ait point de disette.

Un tiers ou un quart d'année occasionnent toujours une disette , quand les greniers ne sont pas extrêmement pleins [2].

Enfin une récolte qui man-

[1] Nous en rapporterons les raisons dans le Chap. I.
[2] On peut donner pour exemple 1751. & 1752.

que entiérement , eſt toujours ſuivie d'une grande famine , quand même elle auroit été précédée par pluſieurs bonnes années , ſi l'on
n'y remédie pas par une ſage
prévoyance qui conſiſte à
faire venir à temps des grains
étrangers.

En partant de ces princi-
pes que je crois très-appro-
chants de la vérité , il paroîtroit poſſible de prévenir les
grandes diſettes , puiſqu'en
conſervant le froment de ſur-
croît que fourniſſent les récoltes abondantes , on auroit
de quoi ſubvenir au défaut
des médiocres ; & on voit
clairement, qu'en négligeant

a iij

cette précaution, on est exposé aux calamités de la famine toutes les fois que les récoltes n'égalent pas une bonne demi-année, ce qui arrive très-fréquemment.

Mais comment parvenir à faire des Magasins assez considérables pour subvenir aux besoins de toutes les Provinces ? L'entreprise me paroîtroit impossible, si l'on se proposoit de les rassembler dans un petit nombre de lieux. Pour remplir un aussi grand & aussi utile objet, il faut un concours général ; il est nécessaire que tout le monde s'occupe de pourvoir à ses besoins les plus essentiels : les Villes , les Communautés Religieuses , les Hôpitaux, les Seigneurs dans leurs terres, les Laboureurs, les Particuliers riches , même les petits Bourgeois, ne fût-ce que pour la subsistance de leur famille ; en un mot quand le froment est à bas prix , il faut que chacun s'efforce de faire des réserves pour les années de médiocre fertilité.

Jusqu'à présent ces réserves étoient pénibles & quelquefois ruineuses ; il falloit des greniers d'une prodigieuse étendue pour contenir une médiocre quantité de grains ; il y étoit exposé à se corrompre si on ne le remuoit pas , si on ne le passoit pas fréquemment au crible , ce qui occasionnoit de grands frais : malgré toutes ces attentions , le grain étoit exposé à la rapine d'une infinité d'animaux & d'insectes qui produisoient un déchet considérable , & qui se multiplioient quelquefois à un tel point que les propriétaires étoient forcés de le vendre même à vil prix. [3] Nous avons remé-

3 Les tignes s'étant beaucoup multipliées dans les greniers en 1749, on fut obligé de les vuider, quoique le froment fût à bas prix. Les grains de 1750. n'étant pas de bonne qualité, on a été obligé de les vendre; ainsi après la foible récolte de 1751, les greniers étoient vuides, ce qui a occasionné la disette qu'on a éprouvée.

dié à tous ces inconvénients;
ainfi on fera dorénavant en
état de faire des magafins,
fans rifquer de perdre fon
grain & fans s'expofer à s'é-
puifer par les frais de confervation.

On auroit tort de penfer
qu'on manquera dans les villes de bons citoyens qui re-
fuferont de fe livrer aux petits foins qu'exige l'adminiftration de nos greniers. Pour
s'en convaincre, je prie qu'on
faffe attention aux foins immenfes qu'exigent les greniers d'abondance de Lyon,
& à la bonne adminiftration
de ce bel établiffement, pendant un nombre d'années ; je

demande que l'on confidere le défintéreffement, difons plutôt la générofité de ceux qui font chargés de la régie des Hôpitaux de cette ville, & l'intelligence qui regne maintenant dans l'adminiftra-tion de l'Hôpital Général de Paris. On ne peut avoir ou-blié, que dans les difettes de 1741. & 1752. il s'eft trouvé dans les campagnes beaucoup de Seigneurs, & dans les vil-les nombre de Citoyens zélés & charitables, qui ont pris fur leur néceffaire pour dimi-nuer les calamités que caufoit une famine extrême : ces exemples, qui heureufement ne font pas rares, affurent que malgré le defir d'amaffer du bien que le luxe a prodigieu-fement étendu, il y a dans toutes les villes des amateurs du bien public, qu'il ne faut qu'exciter, & enfuite laiffer agir librement, pour qu'ils fe livrent généreufement à tout ce qui paroîtra avantageux à leurs Concitoyens. Mais que d'obftacles ne rencontre-t-on pas, quand on veut faire le bien même à fes dépens !

Il ne s'agit donc ici que d'ai-der les villes pour les mettre en état de conftruire des gre-niers, dont on confieroit le foin à des économes choifis par les habitants même, en leur donnant des affurances

que ce dépôt est le patrimoine
de la Commune, & une res-
source assurée pour les temps
de disette. Si l'on peut persuader à chaque ville que son
grenier est un bien qui lui ap-
partient, il est certain qu'il sera
au moins aussi bien adminis-
tré que ceux des particuliers.

Les Communautés religieu-
ses bien gouvernées sont trop
attentives à leurs intérêts
pour ne pas appercevoir que
par les approvisionnements
faits à propos, elles n'auront
point à souffrir des disettes,
& qu'elles se mettront en état
de faire un profit honnête sur
le surplus de leurs provisions,
dont elles pourront secourir

le public dans les temps de calamité.

Il feroit à defirer qu'à l'exemple de ces communautés, les Adminiftrateurs des hôpitaux effayaffent de profiter d'une économie qui feroit très-avantageufe aux maifons de charité confiées à leurs foins & au public ; puifque ce feroit autant de citoyens qui ne tireroient plus leur fubfiftance des marchés, lorfque le froment feroit cher [4].

Nous avons pofé comme un principe, qu'on ne peut trop multiplier les greniers lorf-

4. L'Hôpital Général de Paris, celui de Sens & plufieurs autres ont adopté notre méthode de confervation, & ont réuffi. Le Séminaire de Saint Sulpice a du froment de huit ans dans nos greniers de confervation, & qui eft de la plus grande beauté.

que l'abondance regne dans les marchés ; ainſi, outre les grand greniers dont nous venons de parler, il ſera avantageux que beaucoup de particuliers faſſent des amas de grains qui puiſſent ſubvenir au défaut des récoltes.

Je ne parle pas ſeulement des petites proviſions que chaque famille devroit faire pour ſa propre ſubſiſtance. Une famille bien réglée doit à cet égard être regardée comme une petite communauté ; il s'agit ici principalement des greniers qu'on remplit lorſque le froment eſt à vil prix, pour le conſerver & le vendre dans les années de diſette [5].

On ne doit pas diſſimuler que les réſerves qui excedent la proviſion néceſſaire à une famille, ont été repréſentées comme des tréſors cachés , que les propriétaires dérobent à la connciſſance des Magiſtrats, pour les tenir fermés dans les temps de diſette.

Mais de pareilles allégations ne peuvent faire d'impreſſion ſur ceux qui ont examiné avec ſoin ce qui regarde la conſervation & la manutention des grains : néanmoins nous conviendrons , ſi l'on veut, que quelques

[5]. Il a été défendu pendant long-temps de faire des Magaſins , mais heureuſement ces prohibitions ont été abolies.

particuliers feront parvenus à dérober leurs grains à la surveillance de la police, & que féduits par une avarice fordide, ils auront refufé de vuider leurs greniers, & laiffé corrompre leurs grains lorfque le public en avoit un befoin extrême ; mais on fera obligé de convenir, ou que ces magafins étoient de peu de conféquence, ou qu'on n'a pas voulu les découvrir. Car outre qu'un grand grenier ne peut être tenu fecret, on fait que le propriétaire eft obligé d'employer des ouvriers pour veiller à la confervation de fon grain ; & ce font autant de témoins qui fe

préfenteroient

préfenteroient d'eux-mêmes, pour dépofer contre celui qui auroit une conduite auffi contraire à l'humanité.

Les greniers clandeftins font donc rares ou de peu de conféquence, & j'ofe avancer que la police fera toujours à portée de connoître tous les greniers répandus dans les Provinces, quand elle jugera à propos d'en faire des perquifitions férieufes.

Ce font cependant ces motifs de réferves clandeftines, & les exemples beaucoup exagérés de bleds gâtés, qui excitent les clameurs d'un public mal inftruit de fes propres intérêts, contre ceux qui font les amas de grains dont nous venons de parler, & que nous regardons comme le feul moyen de prévenir les difettes.

Ce public, tout occupé de fes préventions, taxe d'ufure celui qui dans une année de difette, préfente au marché du froment de trois ans. Pour lui faire voir l'obligation qu'il a à ce prétendu monopoleur, je fuppofe que pendant dix années confécutives la terre eût produit d'abondantes récoltes, & que la onzieme fût mauvaife, ne devroit-on pas des éloges à celui qui apporteroit au marché du grain de huit à neuf ans, puifqu'on feroit redevable à sa prévoyance & à ses soins, de ce froment inutile pendant les dix années d'abondance, & qui subviendroit heureusement au besoin dans une année de disette ?

On se récrie encore sur le profit que quelques personnes font en conservant des grains. Mais n'est-ce pas l'appât du gain qui détermine la plupart des hommes ? n'est-on pas bienheureux quand l'intérêt du particulier tourne à l'avantage de l'Etat ? quand au lieu d'une disette & d'une famine, on n'éprouve qu'une médiocre augmentation sur le prix du froment ? C'est ce qui arrivera presque toujours, quand on aura favorifé les magafins dans les années d'abondance, pour les faire ouvrir à propos, lorfque les récoltes feront médiocres.

D'un autre côté, peut-on trouver mauvais que celui qui fait des magafins, retire l'intérêt de fon argent, la récompenfe de fes peines, l'indemnité des rifques qu'il a courus, & du déchet qu'il a fouffert ? Il feroit même à defirer que cet avantage retombât fur celui qui cultive les terres ; elles en feroient mieux travaillées, & le Laboureur feroit plus en état d'augmenter fon bétail, de payer les impôts & fes fermages ; mais

malheureusement la fortune
des Fermiers est ordinairement si médiocre, qu'ils sont
obligés de vendre chaque
année le grain qu'ils ont re-
colté : ainsi, au lieu d'être en-
couragés par un profit honnête à perfectionner la culture de leurs terres , ils sont
réduits à ne leur donner que
de foibles labours , & ils laif-
sent en friche les terres trop
fortes , dont la culture plus
pénible exigeroit de plus
forts attelages.

Le public qui ignore ces
détails , ne trouve jamais le
prix du grain assez bas : il
essaie de faire envisager comme criminelle toute réserve

fans diftinction ; il pouffe l'in-
juftice jufqu'à refufer au Fermier le profit honnête qui
lui eft dû, de forte qu'il continue à fe plaindre, lors même que le Laboureur ne retire pas de fa denrée le prix
qu'elle lui coûte. C'eft ainfi
que chacun uniquement oc-
cupé du préfent, femble ne
pas appercevoir que la déca-
dence de la culture & le défaut de récolte font des fuites
néceffaires de la ruine des
Fermiers.

Si en fuivant de tels capri-
ces, on s'oppofoit à la forma-
tion des magafins ; fi dans les
années d'abondance on em-
pêchoit les réferves, qu'en

réfulteroit-il ? Que dans ces circonftances le froment tomberoit à un prix fi bas, que le Fermier feroit ruiné, & qu'il n'y auroit aucune reffource pour fubvenir au défaut des récoltes.

Mais laiffons-là les préjugés populaires : il fuffit que la Police regarde les réferves de grains, comme le plus sûr moyen de prévenir les difettes. La tendreffe de notre Monarque pour fes fujets, aidée de l'attention des premiers Magiftrats, pour ce qui intéreffe le plus les citoyens, fera choifir les moyens les plus convenables pour multiplier les magafins de toute efpece. L'intérêt que M. le Garde des Sceaux (M. de Machault) a bien voulu prendre dans le temps à nos recherches, m'en eft un sûr garant; & il y a lieu d'efpérer que les moyens que nous propofons pour conferver les grains fans frais & fans déchet, mettront en état de prévenir une partie des difettes, & qu'on fera difpenfé d'avoir fi fréquemment recours aux grains étrangers.

Un Chef de famille, ou un Maître de Manufacture qui fe propofoit, dans une année d'abondance, de mettre en réferve la quantité de grain qu'il jugeoit lui être néceffaire pour la confommation de

fa

fa maifon pendant une année de difette, comme de 60, 80, 100, 200 mines de froment ; ce particulier avoit le chagrin de voir fa petite provifion diminuer de jour en jour par la rapine des rats, des fouris, des infectes, &c. Occupé d'autres objets, fon grain fe corrompoit faute d'être remué ; maintenant en fuivant la méthode que nous propofons, il peut avec une cuve femblable à celles où l'on fait le vin, & une couple de foufflets dont la conftruction n'eft ni coûteufe ni embarraffante, même fans foufflets il peut conferver fi long-temps qu'il voudra, fans rif-

ques, sans dépenses, & sans
beaucoup de soins cette petite provision de grain.

Les insectes qui se multiplient avec une promptitude
incroyable dans les greniers
ordinaires, forçoient les Seigneurs, les gros Receveurs,
&c. de vendre leurs grains à
vil prix. Moyennant plu-
sieurs grandes cuves rondes
ou quarrées (il n'importe de
quelle forme), une petite
étuve, &, si l'on veut, un
manege assez léger pour
qu'un âne puisse faire mouvoir les soufflets, ces petits
établissements tout simples
qu'ils sont, suffiront pour
conserver une assez grosse

maſſe de grains, ſans déchet ni dépenſes, juſqu'à ce que l'eſpoir de les vendre à un prix raiſonnable, engage à les faire porter aux marchés.

L'immenſe étendue des greniers qu'exige la maniere ordinaire de conſerver les grains, & les frais indiſpen-ſables pour leur conſervation, mettoient les Communautés & les Hôpitaux hors d'état de ſatisfaire aux Ordonnances. Au moyen de nos grands gre-niers, ils ſeront déchargés d'une partie conſidérable des frais de leur entretien, & ils auront encore cet avantage de pouvoir faire tenir une grande quantité de grains,

dans le plus petit espace pos-
fible.

Ce que nous difons ici peut
avoir auffi fon application
pour l'approvifionnement des
Villes de guerre, des lieux
d'étape, &c. Mais fi l'on a à
cœur de voir le public jouir
des avantages qu'offre notre
méthode, & les magafins fe
multiplier, il faut abolir des
Ordonnances, qui étoient
néceffaires dans les années de
difette où elles ont été ren-
dues, mais dont une application inconfidérée dans les
années d'abondance caufe des
défordres infinis; il faut détruire ces idées de *Monopole*
& d'*Ufure* dont on taxe ceux

qui, dans les années d'abon-dance, conservent des grains pour les porter aux marchés lorsque les récoltes man-quent: or une accusation si injuste & si contraire au bien public, ne peut être détruite, qu'en laissant une entiere li-berté sur le commerce des grains.

Liberté, pour le transport d'une Province à une autre.

Liberté, à toutes person-nes de quelque état & condi-tion qu'elles soient, d'établir des greniers.

Liberté enfin, dans la ven-te des grains qu'il faut essayer d'exciter sans violence, & n'avoir pour cela recours à

l'autorité , que dans des circonſtances très critiques , &
lorſqu'un beſoin abſolu l'exi-
gera.

Le Roi, ſon Conſeil, ſes
Parlements ont ſenti ces véri-
tés , & maintenant la liberté
eſt entiere ſur le commerce
des grains.

Quelques Ouvrages qui
ont été publiés, & qui ont
mérité l'approbation du public ⁶ me diſpenſent de m'é-
tendre davantage ſur cette
matiere. Tout ce que je pour-

(*a*) Eſſai ſur la police des Grains , *in-8°*.
Avantages & déſavantages de la France & de
  l'Angleterre par rapport au Commerce ,
  in-12.
Eléments du Commerce, 2 vol. *in-12.*
Traités ſur le Commerce & ſur les avantages
  qui réſultent de la réduction de l'intérêt
  de l'argent , &c. 1754. *in 12.*

rois dire ici, fe trouve détail-
lé à fond & avec toute la force & la netteté poffible dans
ces excellents Traités.

Je dois, avant que de terminer cette Préface, faire remarquer que notre méthode
fera très-utile pour le tranf-
port des grains par mer, &
fur les rivieres.

Quand les Hollandois veu-
lent faire des chargements de
grains, ils font griller dans
des fours une certaine portion de ces grains & enfuite
ils la mêlent avec le refte. Ce
grain deffèché à l'excès peut
afpirer une partie de l'humidité dont les grains fe chargent fur les rivieres ; mais

outre que ce moyen est souvent insuffisant, ce grain rôti donne à la farine un goût désagréable, & il n'ôte pas au grain avec lequel on le mêle, la mauvaise odeur qu'il a contractée dans la cale des vaisseaux. Au lieu qu'en étuvant les grains, avant que de les embarquer, en les déposant ensuite dans des soutes à peu près semblables aux greniers quarrés que nous avons fait graver dans notre ouvrage, & en les rafraîchissant de temps en temps avec des soufflets, on les préservera de l'humidité, qui les pourroit faire fermenter ; enfin en les passant de nouveau à l'étuve auſſi-tôt le débarquement , on diſſipera l'odeur de cale qu'ils auroient pu contracter, & ils ſe trouveront ainſi en état d'être gardés ſans aucun riſque , ou dans les greniers ordinaires , ou dans nos greniers de conſervation. J'ai éprouvé toutes ces choſes & le ſuccès a répondu à mon attente.

M. Lullin de Château-vieux , Syndic & Juge de Police de la République de Geneve , qui ſaiſit avec empreſ-ſement tout ce qui peut être utile à ſes concitoyens , m'a écrit qu'ayant eu connoiſſan-ce de ma découverte ſur la conſervation des grains , en premier lieu par le Mémoire que je lus à l'assemblée publi-que de l'Académie Royale des Sciences le 13 Novembre 1745, & ensuite par le Trai-té que j'en ai publiée en 1753 ; & ma méthode lui ayant paru fondée sur de bons principes, & justifiée par les succès de mes Expé-riences, il avoit présenté aux Seigneurs de la Chambre des bleds qui administrent avec autant d'attention que de ze-le les greniers de la Républi-que, il avoit, dis-je, présenté les plans & les profils d'un petit grenier de conserva-tion avec les soufflets ; que cette Compagnie fut d'abord frappée de tous les avantages de cet établissement ; qu'il fut résolu qu'on en feroit l'épreuve, & que lui, M. de Chateauvieux avoit été chargé de faire exécuter le tout. Ce grenier, ajoutoit-il, est très-petit, (il ne contient que 216 minots de bled mesure de Paris) ; il est exécuté, & on l'a rempli. En conséquence de l'attention que M. de Châteauvieux a apporté à faire jouer de temps en temps les soufflets, il est parvenu à conserver son grain, mais il se seroit épargné bien de la peine s'il avoit commencé à faire étuver ses grains, comme je lui avois conseillé.

La République de Geneve &
les Magiſtrats du Canton de
Berne ont fait conſtruire des
étuves, & ils s'en ſont bien
trouvés.

TRAITÉ

TRAITÉ
DE LA CONSERVATION
DES GRAINS,
ET EN PARTICULIER
DU FROMENT.

CHAPITRE I.

ESSAI sur la Conservation des Grains. (*)

LA plupart des Grains servent à faire du pain, qui est l'aliment le plus nécessaire à la vie ; aïnsi de quelque nature qu'ils soient, leur conservation est précieuse.

(*) *Ce Mémoire a été lu à l'Académie Royale des Sciences le 13 Novembre 1745.*

A

Les habitants des villes ne con-noiſſent preſque que le pain de froment, & les riches ſouffriroient beaucoup ſi celui de fine fleur leur manquoit ; mais il y a des provin-ces entiéres qui ne vivent que de pain fait avec du ſeigle, de l'orge & du ſarraſin : même dans les années de diſette, les payſans ſe trouvent réduits à ſe nourrir d'a-voine, de millet, de pois, de feves & d'autres graines légumineuſes.

Ces menus grains, qui, dans d'autres provinces, ne ſervent pas à faire du pain, n'y ſont cependant pas moins néceſſaires pour la nour-riture des chevaux, des troupeaux & des volailles.

C'eſt pour ſubvenir à ces be-ſoins, que la plus grande partie des terres eſt occupée à la culture des grains de toute eſpece, & les plus eſtimées ſont celles qui peu-vent fournir du froment, parce qu'entre tous les grains, c'eſt celui qui fait le meilleur pain, & qu'il peut suppléer à tous les autres, tant pour la nourriture du bétail que pour l'engrais des volailles. C'est ce qui m'a engagé à choisir ce grain pour mes expériences. Néanmoins comme tous les grains sont exposés à souffrir les mêmes altérations que le froment ; comme les mêmes animaux cherchent à les dévorer, les mêmes moyens doivent les défendre & de la voracité des animaux & de la fermentation qui pourroit les endommager. Qui parviendra à bien conserver le froment, saura donc ce qui importe à la conservation de toute autre espece de grain. On peut même dire qu'en commençant par le froment, on s'est attaché au problême le plus difficile à résoudre, puisqu'on ne connoît point de grain qui ait autant d'attrait pour les animaux, & qui fermente si aisément. Si l'on jette à des volailles un mêlange de froment, d'orge, de seigle, &c. le froment sera choisi par préférence : & on voit dans les brasseries une preuve de la grande disposition que le froment a à fermenter ; puisque la biere faite avec l'orge quarrée ou l'escourgeon se garde bien mieux que celle qui est faite avec le froment : d'ailleurs tous les fermiers conviennent que le froment est de tous les grains le plus difficile à garder.

Un autre motif m'a engagé à choisir le froment pour mes expériences ; ma premiere idée, quand j'entrepris la recherche dont je vais rendre compte, étoit de travailler pour l'utilité de la marine, dans les ports de France où les munitionnaires ont quelquefois beaucoup de légumes à conserver, & toujours beaucoup de froment pour les armements & pour fournir aux Colonies qui n'en recueillent point.

Mais je sentis bien-tôt que mon travail avoit un objet d'utilité beaucoup plus étendu ; qu'il pouvoit mettre en état de prévenir en partie les calamités que les disettes de grains ne manquent pas d'occasionner.

Cette considération augmenta mon émulation, & me détermina à faire des expériences en grand, du moins par comparaison à la situation de mes affaires ; car j'aurois souhaité faire mon expérience sur deux mille pieds cubes, au lieu que je ne l'ai faite que sur cent. Je ne perds pas l'espérance * de me satisfaire à cet égard, mais ce que je donne aujourd'hui, pourra engager des procureurs de riches communautés, des administrateurs de grands hôpitaux, les munitionnaires de la marine ou des armées de terre, & des particu-

* Les expériences ont été faites en grand, comme on le verra dans la suite.

liers aifés, à fuivre des vues qui tourneront également au bien de l'Etat & à leur avantage particulier.

Il eft certain que la France dans les bonnes années produit plus de grain qu'il n'en faut pour nourrir fes habitants : le vil prix où tombe le froment quand deux ou trois années d'abondances fe fuccedent, prouve cette vérité. Il fembleroit fuivre de-là, que le Royaume ne devroit jamais éprouver de difette, puifque les abondantes récoltes devroient fubvenir aux befoins que les mauvaifes occafionnent. L'expérience eft contraire ; & on voit qu'une feule mauvaife récolte fait monter le froment à un prix exorbitant. En 1739, un fac de ce grain tenant trois mines mefure de Pithiviers, & pefant 240 livres, coûtoit environ 15 liv. & après la foible récolte de 1740, la même quantité de bled monta à 35 liv. Le prix du froment varie quelquefois d'une façon encore plus fenfible : je me contenterai d'en rapporter un exemple. En 1708, le fac ne fe vendoit à Pithiviers que cinq à fix livres : quand on fçut que la gelée avoit fait périr les grains en terre, la même quantité valoit cinquante à foixante livres. D'où vient ce changement fubit dans le prix de ce grain ? je crois en appercevoir plufieurs raifons.

1°. Les fermiers voyant une perte fenfible fur le froment qu'ils vendent, & trouvant plus de profit à élever des volailles, à engraif-fer des porcs & à faire mieux valoir leurs troupeaux, n'épargnent pas leurs grains pour fe procurer l'avantage qu'ils trouvent de ce côté-là.

2°. Les particuliers qui engraif-fent des volailles, augmentent leur négoce, & font une grande confommation de grain.

A iiij

3°. Beaucoup de gens peu opu-
lents mangent dans les temps d'a-
bondance, du pain de pur froment;
au lieu que quand il est cher, ils
vivent en partie d'autres grains :
en un mot, le bon marché du froment en augmente beaucoup la
consommation, & c'est autant de
ce grain précieux qui ne se trouve
plus dans les années où les récoltes sont mauvaises.

4°. Quand le froment enchérit,
bien des particuliers craignant d'en
manquer, en font de petites provisions qui font un peu augmenter
le prix de ce grain, mais ce n'est
pas un grand mal pour l'Etat; ce
sont autant de citoyens qui ne vivent plus du grain qu'on porte
ensuite au marché.

5°. Enfin quand le Ministere est
informé que les fermiers ne tirant
aucun profit de leurs récoltes, ne
peuvent ni payer les subsides, ni
fournir aux dépenses qui sont né-

cessaires pour faire valoir leurs terres ; le Ministere, dis-je, permet qu'on fasse sortir des grains du Royaume, ce qui produit un grand bien quand il vient ensuite des récoltes abondantes ; mais si elles sont mauvaises, la famine est presque inévitable.

A Paris, on ne songe gueres à la plupart de ces causes de disette : on a coutume de s'en prendre à ceux qui font des magasins de froment. Je ne nie pas que l'avarice, ce vice si commun parmi les hommes, n'engage plusieurs à conserver leur grain lorsqu'il est cher & rare, dans l'espérance d'un plus grand profit ; mais outre que cette espece de manie n'affecte pas tous les hommes, beaucoup savent par expérience que souvent le prix du froment tombe tout-d'un-coup, & la crainte d'être privés d'un profit qu'ils ont dans leurs mains, les engage à vuider leurs magasins &

à fournir les marchés : d'ailleurs la Police ne manque jamais de faire des visites exactes, & de forcer ceux qui ont des grains à les por-ter au marché.

Il est donc certain que loin de se plaindre de ceux qui font des magasins dans les années d'abon-dance, il faut les encourager, & regarder ces trésors particuliers comme une grande ressource pour l'Etat.

Il y a peu de fermiers qui puis-sent conserver pour les années de disette les grains qu'ils ont ré-coltés : pressés pour payer leurs fermages, pour subvenir à la dé-pense nécessaire de leur ferme, encore plus pour satisfaire aux sub-sides, il sont obligés de vendre dans l'année le froment qu'ils ont récolté, même au-dessous du prix qu'il leur a coûté. Rarement ils jouissent du profit qu'il y a à faire sur les grains : si leur récolte a été abondante, le froment tombe à un prix si modique, qu'ils ne retirent pas leurs frais ; si le froment est cher, c'est parce que la récolte a manqué, & ils n'ont rien à vendre.

Les Seigneurs dans leurs terres conservent quelquefois le froment de leur revenu ; mais les gens aifés qui peuvent acheter du grain à bon marché, & le garder jufqu'au temps de difette, jouiffent feuls d'un bénéfice qui fembleroit appartenir légitimement aux fermiers. N'importe, l'Etat en profite ; ces magafins s'ouvrent à propos, & fubviennent aux befoins.

Le Miniftere a bien connu l'avantage de ces magafins, quand il a ordonné aux grandes communautés de faire dans les années d'abondance des provifions capables de les faire fubfifter pendant trois ans. Par ce fage réglement, dont on ne peut affez defirer l'exécution, les communautés, bien loin

de vuider les marchés dans les années de difette, peuvent y envoyer
la moitié de leurs provifions, qui,
en leur produifant un intérêt confidérable de leurs fonds, fecou-
rent le public.

Mais pour conferver des grains
fuivant l'ufage ordinaire, il faut
d'immenfes greniers bien fecs &
folidement établis; & de la part
de ceux qui font chargés de la
confervation du grain, beaucoup
de probité, d'intelligence & d'affi-
duité. Il eft à croire que c'eft faute
d'être pourvu des édifices néceffaires, ou de trouver des gens atten-
tifs, affidus & intelligents, que les
magafins ne fe font pas autant mul-
tipliés qu'on pourroit le defirer.

J'efpere par la méthode que je
vais propofer, obvier à tous ces
inconvénients. On fera tenir beaucoup de grain dans un petit efpace; on n'aura point à craindre
que le bled s'y échauffe, qu'il y fer-

mente ; il y fera à l'abri des animaux & des infectes qui cherchent
à s'en nourrir ; on n'aura pas même
à craindre l'incapacité ni l'infidé-
lité de ceux qui feront employés
pour fa conservation : tout cela
fans embarras & moyennant une
très-petite dépenfe. Mais avant
de propofer mes idées, je dois rapporter ce qui fe pratique dans les
provinces voifines de Paris. Les
inconvénients de cette méthode
feront aifés à appercevoir, & on
fera plus en état de fentir les avantages de celle que nous voulons y
fubftituer.

Quand on enferme du froment
dans un grenier, pour l'y conferver
long-temps, l'ufage eft de le mettre feulement à 18 pouces d'épaiffeur ; il eft vrai que quand il eft
vieux, quand il eft très-fec, quand
le grenier eft exempt de toute
humidité, & quand les poutres
font en état d'en foutenir le poids,

on peut augmenter cette épaiſſeur.
Mais comme il faut s'arrêter à
quelque choſe de fixe , je choiſis
cette hauteur pour me conformer
à ce qui ſe pratique le plus com-
munément dans les grands magaſins. Pour que le grain ne porte
pas contre le mur, on a coutume
de laiſſer tout autour du tas un trottoir qui a environ deux pieds de
largeur. En éloignant ainſi le grain,
on empêche qu'il ne coule & qu'il
ne ſe perde par les fentes , qui ſe
font néceſſairement au bord du
plancher; on l'écarte des trous que
font les rats & les ſouris ; on empêche qu'il ne ſe mêle avec le grain
beaucoup d'ordures qui tombent
principalement de ces endroits ;
on l'éloigne de l'humidité qui
tranſpire ordinairement des murailles, ou qui y coule plus ſouvent
qu'ailleurs par les défauts de la
couverture ; enfin le grain en eſt
plus expoſé à l'air, & on ſe mé-

nage un passage pour vaquer à son
entretien. C'est un usage généralement observé, qui probablement
a paru nécessaire.

Le froment étant ainsi écarté
des murs, les bords du tas forment nécessairement un talut :
l'espace qu'occupe ce talut contient moitié moins de grain que si
les bords du tas étoient à plomb,
& c'est encore environ un pied de
largeur qui est perdu tout autour
du grenier ; enfin il faut laisser à
un des bouts du grenier une espace
pour remuer le grain : tout cela
diminue beaucoup l'emplacement
du grenier ; & pour rendre la chose
plus sensible, je vais rapporter un
exemple.

Je choisis pour cela un de nos
greniers qui a 80 pieds de longueur sur 21 de largeur, ce qui
fait 1680 pieds de superficie : il
en faut retrancher pour le trottoir
& le talut au moins 3 pieds de

chaque côté, ce qui fait 6 pieds
de largeur dans toute la longueur
du grenier, ou 480 pieds quarrés,
qui étant retranchés de 1680 pieds
qui faisoient la superficie entiére
de notre grenier, il ne reste plus
que 1200 pieds, sur quoi il faut
encore retrancher au moins 50
pieds, tant pour l'espace nécessaire pour remuer le grain, que pour
le trottoir qui doit rester à l'autre
bout du grenier : on ne peut donc
compter que sur 1150 pieds quarrés d'emplacement pour mettre le
grain ; c'est de quoi contenir 1725
pieds cubes de bled, ou environ
1150 mines, mesure de Pithiviers,
qui peseroient 92 milliers.

On peut juger par cet exemple,
de l'immensité des bâtiments qu'il
faudroit pour former de grands
magasins de froment, & des fonds
énormes qui seroient nécessaires
pour en établir : le bâtiment qu'on
appelle à Lyon, *les Greniers de l'a-
bondance*,

bondance, en fournit encore une preuve. (a)

Il feroit donc avantageux de pouvoir renfermer une grande quantité de froment dans un lieu moins fpacieux. Nous ferons voir dans la fuite que cela eft très-poffible.

Le froment, quoique fec en apparence, contient beaucoup d'humidité. J'ai mis de beau froment nouveau dans des bouteilles de verre bien bouchées : l'humidité qui s'en eft échappée, a paru aux parois intérieures des bouteilles, & le grain s'eft moifi. Je pefai pendant les vacances de 1745, une quantité de froment de la derniere récolte; je l'expofai pendant 12 heures à la chaleut d'une étuve, où je fis monter la liqueur du thermometre de M. de Réaumur à 50 degrés au-deffus de zéro (b): il

(a) Je parlerai dans la fuite de l'étendue de ces greniers.

(b) C'eft à peu près à ce point que monte

y perdit un huitieme de son poids, & cependant ce bled, n'étoit que desséché , puisqu'en ayant mis en terre il germa (*a*).

Je mis pareillement dans une étuve , du froment de la récolte de 1744, avec du même grain de la récolte de 1742 (*b*). Ayant échauffé l'étuve jusqu'à faire monter la liqueur du thermometre de M. de Réaumur à 38 degrés au-dessus de zéro , ce qui fait 8 degrés de plus que la chaleur de nos Etés les plus chauds (*c*); les deux especes de froment que nous avions mis en expérience , se trouverent diminués au bout de vingt-quatre heures , l'un & l'autre d'un

la liqueur d'un Thermometre qu'on expose au soleil dans les chaleurs de l'Eté.

(*a*) La récolte de 1750. avoit été très-pluvieuse ; presque tous les bleds avoient germé en javelles.

(*b*) Les grains de ces deux récoltes avoient été serrés trop secs.

(*c*) On compte ici que le Thermometre est tenu à l'ombre, comme on le pratique ordinairement pour les observations.

trente-deuxieme ; on les remit à l'étuve qu'on échauffa fuffifamment pour faire monter le thermometre à 51 degrés au-deffus de zéro (*a*), & vingt-quatre heures après les deux efpeces de froment avoient diminué, à très-peu de chofe près, d'un feizieme. Il eft bon de remarquer, qu'indépendamment du froment dont je connoiffois le poids, j'en avois mis, tant du vieux que du nouveau, une petite quantité à part, pour éprouver à quel degré de chaleur ils perdroient la propriété de germer ; j'en femai qui avoit éprouvé 12 degrés & demi de chaleur, d'autre qui avoit éprouvé 38 degrés, & d'autre qui avoit éprouvé 51 degrés : dans tous ces cas le nouveau leva, mais le vieux ne parut point.

(*a*) C'eft à peu près, comme nous l'avons dit, le point où monte la liqueur d'un Thermometre qu'on expofe au foleil dans un beau jour d'Eté.

Quelque chaleur qu'il faffe pen-dant la moiffon, on remarque conftamment que les gerbes du deffus du tas font plus difficiles à battre que celles du deffous, ce qui vient des vapeurs humides qui s'en élevent.

Si l'on met dans un grenier un gros monceau de froment, & qu'on foit long-temps fans le re-muer, fi feulement on en emplit une futaille, on fent au bout de quelque temps, en fourrant la main dans le grain ainfi amoncelé, une chaleur plus ou moins confidéra-ble & une légere humidité ; quel-que temps après il prend une odeur vineufe qui devient enfuite aigre, & enfin il fent le moifi : en un mot ce grain fermente, il n'eft plus propre à faire du pain, quelquefois mê-me les volailles n'en veulent plus.

C'eft pour éviter cette fermen-tation qu'on met le froment dans les greniers, feulement à dix-huit poûces d'épaiſſeur, & qu'on le remue ſouvent.

Si pendant l'année le froment a été nourri d'humidité, & s'il a beaucoup plu pendant la moiſſon, on eſt obligé de le remuer tous les trois ou quatre jours; mais quand les grains ſont de bonne qualité, & quand on leur a fait paſſer la premiere année, il ſuffit de les remuer une fois par mois; quelques-uns ſeulement les font remuer tous les quinze jours dans les mois de mai, juin, juillet & août.

Voilà des frais & une attention qui ne laiſſent pas d'être à charge, ſur-tout pendant l'été où l'on a bien d'autres occupations à la campagne; néanmoins il faut que le propriétaire ait l'œil ſur ſes ouvriers, car indépendamment de la fraude qu'il auroit à craindre, ſurtout quand les grains ſont chers, ſouvent les ouvriers ſe contenteroient de remuer le deſſus du tas,

& le froment qu'on croiroit avoir été remué ne le feroit effectivement pas.

Qui fauroit épargner ces frais & ces foins, rendroit la confervation des grains beaucoup plus aifée ; c'eft ce que nous efpérons indiquer dans cet ouvrage.

Le froment ne fert pas feulement d'aliment aux hommes, bien des animaux s'en accommodent & en font même finguliérement friands. On n'ignore pas le défordre que caufent dans les greniers les rats, les fouris & les oifeaux ; mais il femble poffible de mettre le grain à couvert de ces animaux ; il faut, dit-on, bien fermer les paffages, tendre des pieges, leur préfenter des aliments empoifonnés : on emploie ces moyens fans pouvoir fe garantir du pillage de ces animaux, qui, indépendamment du grain dont ils fe nourriffent, occafionnent encore beaucoup de déchet par les trous qu'ils font dans lesquels le grain coule & se perd. Si le fermier ménage des paffages pour les chats, les volailles en profitent, & les chats contribuent eux-mêmes au déchet par leurs excréments qui forment des mottes de froment infecté.

Nous aurons donc travaillé utilement, fi fans le fecours des chats, & fans employer ni appâts empoifonnés, ni piéges, nous fommes parvenus à n'avoir rien à craindre de ces animaux.

Les infectes qui fe nourriffent de froment, font un des plus grands obftacles à fa confervation : les deux principaux font les charanfons & les tignes. Combien de fois a-t-on invité les naturaliftes, les phyficiens, les amateurs du bien public, à chercher les moyens d'exterminer ces infectes, qui fe multiplient quelquefois à un tel point dans les greniers, qu'ils dé-

vorent une partie du grain ! Tous
les moyens qu'on a proposés, é-
toient ou insuffisants ou impratica-
bles ; le seul qu'on mette en usage
dans notre province, (*a*) est de
passer tout le froment par un crible de fil de fer, une partie du charanson & du grain mangé tombe
dans une chaudiere de cuivre qu'on
met sous le crible ; mais cette opération qui ne fait que diminuer le
mal, est longue & dispendieuse.
D'ailleurs on n'ôte que les charansons qui sont sortis du grain, ceux
qui prennent leur accroissement
du grain, ne sont point détruits
par le crible ; & il est assez ordinaire que quand il vient de la chaleur, on voit au bout de quelques
jours une multitude de ces insectes ; au lieu que nous sommes en
état de proposer des moyens par
lesquels on n'aura rien à craindre

(*a*) Sur les confins du Gâtinois & de la
Beauce.

d'aucune

d'aucune espece d'insectes, & qui n'occasionneront ni frais ni embarras.

Il s'agit donc, pour rendre la conservation du froment plus aisée; 1°. d'en renfermer une grande quantité dans un petit emplacement; 2°. de faire ensorte qu'il n'y fermente pas, qu'il ne s'y échauffe pas, qu'il n'y contracte pas un mauvais goût; 3°. de le garantir de la rapine des rats, des souris & des oiseaux, sans l'exposer à être endommagé par les chats; 4°. enfin de le préserver des mites, des tignes, des charansons, & de toute autre espece d'insecte, & tout cela sans frais & sans embarras. Voyons si l'on peut satisfaire à tous ces besoins, & rapportons les expériences que nous avons faites à ce sujet.

Nous avons fait faire avec des planches de chêne de deux pouces d'épaisseur un petit grenier, ou une grande caisse qui formoit un cube d'environ cinq pieds de côté : à six pouces du fond ou du plancher de ce petit grenier, nous avons fait placer sur des lambourdes de cinq pouces d'épaisseur un second fond de grillage ou de caillebotis; nous avons fait étendre sur ce grillage une forte toile de canevas, & le petit grenier a été rempli comble avec de bon froment : il en a tenu un peu plus de 94 pieds cubes ou environ 63 mines mesure de Pithiviers, pesant 5040 livres.

Avant que d'aller plus loin, il est bon de faire remarquer que dans un pareil grenier qui feroit un cube de 12 pieds de côté, il tiendroit 1728 pieds cubes de froment ; pendant que dans le grenier qui nous a servi d'exemple au commencement de cet ouvrage, qui a 1680 pieds quarrés de superficie, il ne peut tenir, en suivant la méthode ordinaire, que 1725 pieds cubes de froment.

J'ai fait faire une caisse de 40 pieds de longueur, de 9 pieds de hauteur & de 12 pieds de largeur, elle a tenu 100 muids de froment mesure de Paris , & quelque chose de plus.

Voilà une grande économie sur l'étendue des greniers & sur la dépense qu'il faudroit faire pour en établir ; puisqu'avec quinze cents livres ou deux mille livres , je puis faire la caisse dont je viens de parler , portée sur des dés de pierre avec de fortes pieces de bois pour soutenir le fond ; ce grenier contiendroit 4320 pieds cubes de froment, au lieu qu'un grenier fait à l'ordinaire, pour contenir cette même quantité , coûteroit plus de vingt mille livres. Nous avons donc satisfait à la premiere condition , qui consiste à faire tenir beaucoup de froment dans un petit espace, & à beaucoup épargner sur les frais de construction des greniers : on

pourroit faire ce grenier en briques ; mais j'avertis qu'il faudroit
l'établir dans un lieu sec & l'isoler
des murailles, & encore y auroit-il
toujours plus à craindre les rats &
les souris qu'avec une caisse de bon
bois qui seroit soutenue sur des dés
de pierre : reprenons la suite de
nos expériences.

Le petit grenier étant rempli
comble de grain, on le ferma avec
un plancher de bonnes membrures
de chêne qui joignoient assez exactement, pour que les rats & les
souris n'y pussent passer, pas même les moindres insectes ; on mé-
nagea seulement en plusieurs endroits des soupiraux qui fermoient
exactement avec de bonnes trappes : on parlera dans la suite de l'u-
sage de ces trappes.

Mais je dois avertir qu'ayant
fait faire une grande caisse, l'ayant
remplie de grain, & les planches
du dessus n'étant pas bien jointes,

les papillons des fauſſes tignes qui venoient des greniers voiſins, dé-poſerent leurs œufs ſur cette caiſ-ſe; les petits vers étant parvenus à s'introduire dans le grain, les fauſſes tignes firent quelque dommage à la ſuperficie & y occaſion-nerent un très-petit déchet.

Les ſouris vinrent à bout de s'introduire dans un autre grenier où le déſordre fut un peu plus conſidérable. Les autres caiſſes qui étoient exactement fermées furent entiérement à couvert des ſouris & des fauſſes tignes : il eſt bon d'être prévenu de ces accidents pour les éviter.

Voilà notre froment renfermé dans un petit eſpace, & parfaitement à l'abri des rats, des ſouris, des oiſeaux, des volailles & même des inſectes, ſuppoſé qu'il n'y en eût ni dans le grenier, ni dans le grain qu'on y a mis : ſi l'on craignoit qu'il y en eût, nous donne-

rons dans la suite des moyens sûrs
pour les détruire ; mais auparavant
il faut parler des précautions que
nous avons prises pour empêcher
que le grain ne se corrompe,
étant ainsi renfermé.

Nous l'avons déja dit, il est à
craindre que l'humidité qui s'é-
chappe du froment, n'excite une
fermentation dans une matiere
qui en est très-susceptible ; mais
quelle qu'en soit la cause, il est
certain (du moins dans nos provinces,) que le froment renfermé, comme nous le disons, se gâte
en fort peu de temps : nous avons
fait des expériences qui ne laissent
aucun doute sur cela. Il nous étoit
donc très-important de trouver un
moyen de remédier à cet inconvénient ; il falloit de temps en temps
renouveller l'air du petit grenier ;
il falloit forcer l'air qui se seroit infecté, d'en sortir pour y en faire
entrer de nouveau ; il falloit être

maître d'établir dans le grenier un courant d'air qui en pût chaſſer l'humidité ; c'eſt pour produire ces effets que nous avions établi au fond du grenier un plancher de grillage ſur lequel nous avions étendu un fort canevas. S'il étoit queſtion de conſtruire un grenier ſolide, je mettrois à la place du canevas un treillis de fil de fer ſemblable à celui des cribles qui nous ſervent pour nettoyer le froment, ou au moins des feuilles de tôle piquées comme des grilles de rape, (*a*) mais il s'agiſſoit de trouver un moyen de forcer l'air d'entrer entre les deux planchers, & de pénétrer tout le grain, pour ſortir par les ſoupiraux que nous avions laiſſés au plancher ſupérieur du petit grenier.

(*a*) Nous avons employé avec ſuccès de ces fortes toiles de crin dont ſe ſervent les Braſſeurs : on pourroit auſſi mettre des claies d'oſier aſſez ſerrées pour retenir le grain.

J'avois bien pensé à des soufflets de forge, mais je ne voulois pas en employer, à cause des cuirs que les rats, qui habitent toujours par préférence les endroits où l'on conserve du grain, n'auroient pas manqué de ronger : cette même raison m'empêchoit de faire usage d'un soufflet en courcaillet, ou cylindrique, imaginé par M. Triewald, Ingénieur du Roi de Suede, pour renouveller l'air du fond de cale des Navires, & que M. le Comte de Maurepas avoit fait venir de Suede pour en essayer l'usage à la mer.

Sur plusieurs vaisseaux François, on rafraîchit le fond de cale avec un manche de toile qui ressemble à une chausse à hypocras : cette manche s'éleve jusqu'à la hune ; & en présentant le bout évasé au vent, l'air s'y porte en grande abondance jusques dans la cale.

J'avois songé à appliquer une

pareille chausse à mon grenier, mais j'appréhendois que l'effort du vent ne fût pas capable de traverser l'épaisseur du tas de grain; enfin, bien embarrassé dans le choix, j'étois prêt à faire exécuter un soufflet centrifuge ou à moulinet, qui a été perfectionné par M. Téral, & qui est gravé dans le recueil des machines présentées à l'Académie. Ce soufflet auroit pu satisfaire à ce que je desirois : mais dans ce temps M. Halés m'envoya un exemplaire de son ouvrage, intitulé, *le Ventilateur* : ce célebre physicien, qui joint à un esprit excellent le desir bien louable de contribuer à tout ce qui peut être utile aux hommes, donne dans l'ouvrage que je viens de citer, la description d'un soufflet très-simple, qui ne peut être endommagé par les rats, qu'on peut exécuter à peu de frais, & qui me parut préférable à tout autre, parce qu'il est plus propre à forcer l'air de se porter où l'on veut.

M. Halés propose ce soufflet pour renouveller l'air de l'entrepont & de la cale des Vaisseaux, des galeries des mines, des salles où il y a beaucoup de malades, des endroits qu'il est important de dessécher, & enfin il indique une façon de s'en servir pour la conservation des grains. Les recherches de M. Halés sur ce point, bien loin de me détourner de suivre celles que j'avois commencées, m'engagerent à les continuer avec plus d'ardeur. La conformité qui se trouvoit dans nos idées générales, m'affermissoit dans celles que j'avois conçues, & me faisoit même bien présumer des moyens que je me proposois de mettre en usage, quoiqu'ils fussent très-différents de ce que propose ce célebre physicien. La disposition de son grenier ne ressemble point à celle du mien : M. Halés appliqué son soufflet à un grenier ordinaire, & ainfi il ne diminue ni les frais d'établiffement, ni l'emplacement des greniers, & fon grain refte expofé à la rapine des animaux & autres caufes de dépériffement dont nous avons parlé; néanmoins je ne déciderai pas lequel eft le meilleur. L'ouvrage de M. Halés a été traduit en notre langue par M. Demours de la Société Royale de Londres; tout le monde peut le confulter & choifir. Je rends compte de mes vues, de mes idées, de mes expériences, & rien de plus : j'invite même ceux qui voudroient faire ufage de mes recherches à confulter le livre de M. Halés, parce que j'ai fupprimé dans cet ouvrage plufieurs chofes que j'y aurois inférées, fi celui de M. Halés n'avoit pas paru.

Si-tôt que j'eus connoiffance du foufflet de M. Halés, je le fis exécuter, & je l'appliquai à mon grenier. Il faut donc s'imaginer un grand soufflet qui prend l'air du dehors, & qui le porte entre les deux planchers inférieurs du petit grenier: quand on veut éventer le froment, on ouvre les soupiraux du dessus du grenier, & des regiftres que j'ai mis au porte-vent du soufflet pour empêcher les rats d'y entrer; (*a*) on fait agir les soufflets, & le vent traverse si puissamment le froment qu'il fait sortir de la poussiere par les soupiraux, & même éleve quelques grains de froment creux jusqu'à un pied de hauteur, quand on ne laisse au-dessus du grenier qu'une petite ouverture, par laquelle tout l'air des soufflets doit s'échapper. Comme il pourroit être nécessaire d'éventer le froment lorsque l'air est très-

____

(*a*) Au lieu de ce regiftres, j'ai trouvé plus commode de couvrir les soupapes d'afpiration, avec un treillis de fil d'archal affez ferré, pour empêcher la plus petite fouris d'y pouvoir paffer.

chargé d'humidité, afin, en ce cas, de porter dans le grenier un air sec, j'ai fait bâtir un petit fourneau de briques à 10 ou 12 pieds d'éloignement des soufflets; leurs tuyaux d'aspiration répondent à ce fourneau, dans lequel on met, quand on juge à propos, du feu de charbon, alors les soufflets portent dans le grenier un air chaud & sec. Ce même fourneau est destiné à d'autres usages dont nous parlerons quand il sera question de faire périr les insectes. (a)

Chaque coup de soufflet fait passer deux pieds cubes d'air dans le grenier: on peut donner environ 420 coups de soufflet en cinq minutes; ainsi en faisant jouer les soufflets pendant huit heures, ce qui fait un journée ordinaire, il passe 80640 pieds cubes d'air dans le grenier.

(a) J'ai depuis reconnu l'inutilité de ce fourneau.

Pour favoir combien de fois l'air fe renouvelloit dans le grenier, fuppofant qu'on fît agir les foufflets pendant huit heures, j'ai d'abord cherché à connoître combien il y avoit d'air entre les grains de froment : pour cela j'ai pris onze mefures de grain vieux que j'ai verfé tout doucement dans un grand vafe de grès qui fe rétréciffoit par en haut pour que l'expérience fût plus exacte ; j'ai enfuite verfé fuffifamment d'eau pour remplir tous les efpaces qui étoient entre les grains : il en a fallu 3 mefures ; ainfi les efpaces remplis d'air font à ceux remplis de froment, comme 3 eft à 11 (*a*) ; mais quand on fuppoferoit qu'il y a un tiers du grenier rempli d'air, ce

(*a*) J'ai vu depuis l'exécution de cette expérience, que M. Halés ayant cherché la même chofe par une voie un peu différente, a conclu que le volume d'air contenu entre les grains, eft égal à un feptieme du volume d'une quantité quelconque de grain.

qui affurément eft exceffif, on trouveroit encore que l'air fe renouvelle plus de 2600 fois dans l'efpace d'une journée ou de huit heures de travail, même en ne faifant agir qu'un foufflet, & maintenant il y en a deux à mon grenier.

J'ai quelquefois enfoncé la boule d'un thermometre dans le froment de ce petit grenier, quand on faifoit agir les foufflets. On voyoit après deux ou trois minutes la liqueur monter fi l'air extérieur étoit fort chaud; & elle defcendoit, fi l'air du dehors étoit très-froid : ce qui prouve que l'air fe renouvelle bien vîte dans ce grenier.

Le froment que j'ai choifi pour mon expérience étoit de bonne qualité : je l'ai fait éventer au plus la valeur de fix jours dans l'efpace d'une année, & je n'ai jamais fait mettre de feu dans le fourneau;

ce qui a néanmoins suffi pour l'entretenir si bien, qu'au jugement des connoisseurs, il est aussi parfait qu'on en puisse trouver.

Il y avoit plusieurs mois qu'on n'avoit fait agir les soufflets, lorsqu'un homme très-expérimenté trouva le froment très-satisfaisant à l'œil & à l'odorat ; mais il lui reprochoit de n'avoir pas *la main*, c'est-à-dire, d'être un peu humide. On fit jouer les soufflets l'espace d'une demi-journée, & le froment se trouva exempt de tout reproche.

Cette épreuve a donc eu tout le succès qu'on en pouvoit attendre. Le froment n'a pas éprouvé la moindre fermentation ; il a conservé toute la bonne qualité qu'il avoit primitivement, il n'a point été attaqué par les insectes qui cherchent à s'en nourrir ; apparemment qu'il n'y en avoit point quand on l'a renfermé, & effectivement

j'avois

j'avois choiſi le plus beau grain que j'avois pu trouver; & mes opérations n'avoient preſque exigé ni peines, ni ſoins ni dépenſe. Il eſt vrai que ce grenier eſt petit, & qu'il faudroit éventer plus ſouvent & avec de plus grands ſoufflets des greniers qui ſeroient plus grands : mais la dépenſe ſeroit proportionnelle à la quantité de grain qu'on auroit à conſerver; & ſi les magaſins étoient fort grands, on pourroit faire jouer les ſoufflets par un petit moulin à la Polonoiſe, qui, quelque petit qu'il fût, auroit ſuffiſamment de force pour mettre en mouvement trois ou quatre grands ſoufflets : alors on ſeroit maître d'éventer le grain ſi ſouvent qu'on voudroit, & ſans frais. J'ai exécuté ce projet, & on verra qu'il m'a réuſſi.

On ſait que le froment de la récolte de 1745 étoit tellement chargé d'humidité, qu'il devoit perdre

un huitieme de son poids pour être
réputé sec. La grande quantité
d'humidité que ce grain contenoit
se faisoit bien connoître, quand il
avoit resté quelques jours dans les
greniers : on la sentoit en fourrant
les mains dans le tas ; on voyoit
que le plancher avoit aspiré une
partie de cette humidité ; & si on
ne l'avoit pas remué très-fréquemm-
ment, le froment se seroit gâté. (*a*)

Connoissant par toutes les raisons que je viens de rapporter, que
ces froments seroient très-difficiles
à conserver, j'ai cru devoir profiter de cette circonstance pour mettre mon grenier à la plus grande
épreuve, en essayant d'y conserver de ce froment humide. C'est
dans cette vue que j'ai fait faire un
second grenier tout pareil à celui
que j'ai décrit : je l'ai rempli de

______

(*a*) Il faut se rappeller que ce Mémoire a été
lu à l'Académie des Sciences le 13. Novembre
1745.

froment nouveau en partie germé, qui étoit extrêmement humide, qui avoit commencé à s'échauffer dans le grenier, & qui y avoit contracté une mauvaise odeur que je ne puis mieux comparer qu'à celle d'un poulaillier qu'on nettoye. Je suis déja parvenu à lui ôter la chaleur qu'il avoit, & à dissiper en partie sa mauvaise odeur, en le faisant éventer fréquemment. (*a*)

Il me reste à rendre compte des experiences que j'ai faites pour détruire les infectes. Dans cette vue j'ai fait faire de très-petits greniers qui contiennent seulement quatre pieds cubes de froment : J'y ai renfermé le froment avec les infectes qu'il est question de détruire, & j'y ai appliqué un petit soufflet. Mes premieres expériences n'ont pas eu un bon succès : j'en ai fait d'autres qui m'en pro-

(*a*) La suite de cette expérience se trouvera dans le courant de l'Ouvrage.

mettent un meilleur : mais plutôt que d'avancer des choses hasardées, j'ai cru devoir différer quelque temps à rendre compte à l'Académie de mon travail, & je le fais d'autant plus volontiers, qu'il me reste encore bien des choses à exécuter sur la conservation des grains de toute espece. Ce que je donne aujourd'hui ne doit donc être regardé que comme le commencement d'un travail plus considérable que je me propose de suivre, si les dépenses que je serai obligé de faire n'y mettent pas un obstacle invincible.

REMARQUES.

LE Mémoire précédent est fort abrégé, parce qu'il étoit destiné à être lu à l'Assemblée publique d'après Pâques de l'année 1745. Néanmoins on y apperçoit le canevas d'une recherche considérable sur un objet des plus intéressants ; puisqu'il s'y agit de la résolution d'un problême d'agriculture qui peut mettre en état de prévenir les disettes de grains qui font la partie principale de notre nourriture. Voici l'énoncé de ce Problême.

Conserver beaucoup de froment dans le plus petit espace possible, si long-temps qu'on voudra, à peu de frais, sans déchet, n'étant exposé ni aux oiseaux ni aux insectes, sans qu'il puisse s'en perdre par les trémies qui sont presque inévitables avec les greniers ordinaires ; enfin étant à l'abri de tout larcin, même de la part du gardien qui sera seul chargé de leur conservation.

Quoique nous n'ayons touché que superficiellement la grande utilité de cette recherche, nous regardons comme superflu d'insister sur une vérité qui est trop frappante, pour qu'elle puisse souffrir

la moindre contradiction. Effectivement, il eſt inconteſtable que le
froment eſt quelquefois ſi abon-
dant en France, qu'il tombe à
un prix trop modique, pour
que les fermiers puiſſe retirer de
leur vente les avances qu'ils ont
faites. C'eſt alors un temps dont il
conviendroit de profiter pour faire
des magaſins, qui en s'ouvrant à
propos, ſeroient un moyen ſûr
pour prévenir les diſettes ; mais ce
moyen ne ſera praticable, qu'autant qu'on pourra conſerver les
grains ſans frais & ſans déchet :
c'eſt l'objet de nos recherches &
le ſujet de ce petit ouvrage.

Quoique nous ayons aſſez bien
prouvé, qu'en ſuivant notre méthode, les grains peuvent être
renfermés dans le plus petit eſpace poſſible, nous ne pourrons
pas nous diſpenſer de dire encore
quelque choſe de cet avantage,
lorſque nous parlerons des diffé-

rentes formes qu'on peut donner aux greniers pour des approvifionnements plus ou moins confidérables.

Les bornes prefcrites pour les Mémoires qui doivent être lus aux Affemblées publiques, nous ont mis dans la néceffité de paffer trop légérement fur le détail de nos expériences. Nous devons fuppléer à ces omiffions, & expofer toutes les circonftances de nos différentes épreuves, pour faire appercevoir comment nous avons préfervé de la corruption de groffes maffes de froment fans les remuer ; comment nous avons garanti le grain de la rapine de différens animaux qui cherchent à s'en nourrir ; & par quelle induftrie nous avons rempli ces différentes vues, en diminuant confidérablement les foins & les frais qu'exige la méthode qu'on fuit ordinairement. Mais pour faire mieux fentir la liaifon qui fe trouve entre nos différentes expériences, il convient de faire précéder les détails par une histoire abrégée de tout notre travail ; elle fera appercevoir les vues principales qui en ont fourni la trame.

CHAPITRE II.

IDÉES générales de nos recherches sur la conservation des grains, & les expériences qui ont été faites en conséquence.

QUOIQUE je n'aye commencé qu'en 1745. à faire part au public de mes idées sur la conservation des grains, on peut juger que j'étois déja occupé de cet objet long-temps auparavant. L'exécution des expériences rapportées dans le Mémoire précédent,
en

en font une preuve suffisante.

La position de nos terres sur les limites des provinces de Beauce & du Gâtinois qui produisent l'une & l'autre beaucoup de grain, me mettoit à portée d'appercevoir les défauts des pratiques qui y sont établies pour la conservation des grains.

Une médiocre quantité de froment répandue dans de vastes greniers y est exposée à la rapine d'une infinité d'animaux qui en font leur nourriture ; & quoique le grain ne soit mis dans ces greniers qu'à une petite épaisseur, il courroit risque de s'y gâter, si on négligeoit de le remuer fréquemment & de le passer de temps en temps par le crible.

On voit par ce qui est dit dans le Chapitre précédent, que je crus remédier à ces inconvénients, en renfermant le froment dans un lieu assez exactement fermé, pour qu'il

E

n'eût aucune communication avec l'air extérieur.

Cette pratique qui réussit dans la Gascogne, dans le Vivarais & dans d'autres pays, me paroissoit devoir être établie dans notre province ; mais quelques expériences m'apprirent bientôt qu'elle ne convient qu'aux pays chauds, & qu'elle ne peut réussir dans notre climat.

Nous étions bien prévenus qu'une quantité de froment s'étoit gâtée dans une espece de cîterne que les Administrateurs de l'Hôpital de Paris avoient fait bâtir exprès, & remplir de grain : mais nous soupçonnions qu'on pouvoit attribuer ce mauvais succès à l'humidité de ce caveau qui avoit été rempli avant que d'être parfaitement desséché. Cette raison peut bien avoir lieu dans l'épreuve de l'Hôpital ; mais je suis certain qu'indépendamment de l'humidité des murs, le froment qu'on recueille dans nos provinces contracte une mauvaise odeur, & devient incapable de faire de bon pain, quand on le conserve en grosse masse dans des endroits qui n'ont aucune communication avec l'air extérieur.

En réfléchissant sur la cause de cet accident, nous soupçonnâmes que le soleil de nos provinces n'avoit pas assez d'action pour dissiper toute l'humidité du froment, & qu'il en restoit assez dans les grains pour les faire fermenter.

Cette conjecture devint pour nous une certitude, quand nous vîmes, (comme il est dit dans le Mémoire lu à l'Académie,) que du froment de différentes récoltes perdoit dans l'étuve une partie considérable de son poids, sans qu'il eût souffert aucune altération, puisqu'au sortir de l'étuve il germoit très-bien.

Il étoit naturel de conclure de

ces expériences, que pour parve-
venir à conferver nos froments en
groffes maffes, il falloit leur enlever cette humidité fuperflue, &
les réduire au degré de féchereffe
qu'ont apparemment les grains des
pays plus chauds que le nôtre.

Les expériences déja faites dans
la petite étuve nous fourniffoit un
moyen de bien deffécher les grains
fans leur caufer aucun dommage ;
mais il nous vint dans la penfée
qu'on pourroit encore y parvenir,
en établiffant dans le grenier un
courant d'air qui traverferoit toute
la maffe de grain ; car nous difions :
» Que fait-on, quand on remue le
» froment à la pelle ? On le fait
» paffer dans une maffe d'air qui le
» deffeche & qui emporte une pe-
» tite athmofphere d'air qui enve-
» loppe chaque grain. Or, ne doit-
» on pas efpérer de produire un
» effet pareil en introduifant l'air
» entre les grains : dans ce cas,

» comme dans le précédent, le
» nouvel air doit diffiper l'humidi-
» té & chaffer l'air infecté, fup-
» pofé qu'il y en ait. »

Comme nous mettions dans ces idées plus de confiance que peut-être elles ne méritoient, nous nous preffâmes de faire conftruire la grande caiffe dont il eft parlé dans le Mémoire lu à l'Académie. Elle fut remplie comble de froment, & on y appliquoit des foufflets centrifuges, quand M. Halés, ce célebre Phyficien qui ne compte de temps bien employé que celui qui peut contribuer au bien des hommes, m'envoya fon ouvrage intitulé *Le Ventilateur*, dans lequel je trouvai la defcription d'un foufflet qu'il propofoit principalement pour renouveller l'air de la cale des navires, des prifons & des falles des Hôpitaux. Ce foufflet qui eft d'une conftruction fimple, d'un ufage facile, & qui a affez de folidité pour être confié fans rifque aux gens les plus groffiers, fut appliqué à notre petit grenier. Les bons effets du renouvellement de l'air dans les greniers furent conftatés par plufieurs épreuves faites d'abord en petit, enfuite fur de plus groffes maffes, & avec du froment de différentes qualités.

Nous paffâmes enfuite à éprouver s'il étoit poffible de conferver les grains defféchés dans l'étuve. Le fuccès de ces différentes expériences m'engage à publier avec confiance une méthode de conferver les grains, par laquelle on fera en état de fatisfaire à toutes les conditions du problême énoncé dans l'article précédent.

Je dois néanmoins avertir que j'en uferai à l'égard de la confervation des grains, comme j'ai fait à l'occafion de leur culture. Je continuerai mes recherches, j'aurai foin d'informer le public de leur

succès, & j'ai la préfomption d'efpérer qu'il se trouvera des amateurs
du bien public, qui prendront la
peine de m'informer de la réuffite
des épreuves qu'ils auront faites.

*Expérience faite fur 94 pieds cubes
de froment non étuvé, qui a été
confervé pendant plus de fix ans
avec la feule précaution de l'éventer de temps en temps. (a)*

Vers le mois de Mai 1743, on
mit dans un de nos petits greniers
(*Pl. V. Fig.* 1. & 3.) 94 pieds
cubes de pur froment de la récolte de 1742. Ce bled étoit d'une excellente qualité, net de graines,
exempt de nielle & de charbon,
bien fec, n'ayant perdu qu'un feizieme de fon poids dans l'étuve
dont la chaleur étoit de 50 degrés
du thermometre de M. de Réau-

____

(a) Le commencement de cette expérience
eft rapporté dans le Mémoire qui a été lu à l'A-
cadémie.

mur, (*a*) enfin il étoit exempt de toute espece d'insecte. Ce froment fut soigneusement nettoyé de poussiere & déposé dans le grenier de conservation sans avoir été étuvé.

Les trois premiers mois on l'éventoit pendant 8 heures une fois tous les quinze jours. Le reste de l'année 1743 & pendant toute l'année 1744, on l'éventoit une fois tous les mois. Durant 1745 & une partie de 1746 on ne l'éventoit qu'une demi-journée tous les mois, & ensuite on ne l'éventoit plus qu'une fois tous les deux ou trois mois.

Dans le mois de Juin 1750 on vuida ce grenier : le froment se trouva très-satisfaisant à l'œil & à l'odorat ; mais il étoit un peu rude

(*a*) On verra par les expériences qui seront rapportées par la suite, qu'un seizieme de déchet est beaucoup, sur-tout ne chauffant l'étuve qu'à 50 degrés du thermometre ; mais cette expérience fut faite sur une petite masse de grain & dans une petite étuve où il resta long-temps, ce qui avoit beaucoup desséché ce grain.

à la main, parce que ce grain n'ayant pas été remué depuis 6 ans qu'il avoit été dépofé dans ce grenier, les petits poils qui font à l'extrémité des grains & les particules du fon, s'étoient hériffées. On le paffa deux fois au crible à vent dont je parlerai dans la fuite, & ce froment fe trouva exempt de tout reproche.

Je puis me difpenfer de rappeller ici une obfervation rapportée dans le Mémoire de l'Académie, qui prouve combien l'air a de puiffance pour diffiper l'humidité; mais je ne dois pas négliger de répéter que le fourneau que j'avois fait conftruire pour deffécher l'air que je devois introduire dans mes greniers, eft tout-à-fait inutile, non-feulement parce qu'on peut choifir pour faire jouer les foufflets un temps où l'air eft bien fec, mais encore parce que l'air a la propriété de fe charger de beau-

coup d'eau : on voit les linges
mouillés se dessécher très - vîte
quand on les expose au vent, même lorsque l'air est humide, enfin
nous n'avons point fait usage du
fourneau, & bien loin d'être trop
attentif à choisir des jours sereins,
l'homme qui étoit chargé de faire
agir les soufflets, employoit volontiers à ce travail les jours de
pluie qui l'empêchoient de faire
d'autres ouvrages, & notre grain
malgré cela s'est très-bien conservé, & sans déchet sensible ; car
les 94 pieds cubes qui avoient été
mis dans ce grenier en 1743, en
ont été tirés en 1750 à un demi-
pied cube près ; ce qui peut être regardé comme un égalité, puisque
le mesurage à la mine ne peut pas
indiquer précisément un différence qui n'est que d'un cent qua-
tre-vingt-huitieme. De plus, il
n'y avoit dans ce froment ni tignes ni charansons, quoique les

grains conservés à l'ordinaire eussent été tellement endommagés
par ces insectes, sur-tout pendant
les années 1745 & 1746, que presque tout le monde avoit été obligé
de vuider ses greniers, quoique
le froment fût à assez bas prix.

Nous fîmes moudre de ce grain
pour en faire du pain & de la pâ-
tisserie qui se trouva très-bonne ;
mais pour être plus certain de la
qualité de ce grain, nous le fîmes
vendre au marché, ayant eu la
précaution de recommander à celui qui étoit chargé de cette vente, de ne le vendre que par petites
parties aux boulangers de la ville,
sans leur dire de quelle façon ce
froment avoit été conservé, pour
éviter l'effet des préjugés.

Ce grain fut vendu le plus cher
du marché. Les boulangers qui en
avoient acheté la premiére fois
continuerent à s'en fournir ; &
quand cette petite provision fut fi-

nie, ils avouerent que ce froment produisoit une très-belle fleur, qu'il buvoit beaucoup d'eau lorsqu'on le pêtrissoit, & qu'il fournissoit plus de pain que les autres grains du marché.

REMARQUES.

On voit dans cette expérience du froment de huit ans qui a été conservé dans nos greniers pendant sept années sans avoir perdu de sa qualité, sans déchet sensible & sans avoir été endommagé par aucun animal. On ne peut pas ajouter *sans frais*, puisque qu'on a été obligé d'employer de temps en temps un homme pour l'éventer; mais on verra dans la suite qu'il est fort aisé de réduire presqu'à rien cette petite dépense.

Nous avons eu soin d'avertir que le froment que nous avons employé pour cette épreuve étoit d'une excellente qualité, que c'étoit du froment vieux & aussi sec que les grains de notre province peuvent l'être. Si notre méthode n'étoit praticable que pour des grains aussi parfaits, on seroit souvent dans le cas de n'en pouvoir faire usage; ainsi pour la mettre à la plus grande épreuve qu'il fut possible, nous jugeâmes qu'il étoit à propos de répéter cette même expérience sur des froments défectueux; c'est l'objet de l'article suivant, dont il est dit quelque chose dans le Mémoire qui a été lu à l'Académie.

Expérience faite sur 75 pieds cubes de froment nouveau très-humide, germé, & qui avoit contracté une mauvaise odeur. (a)

La moisson de l'année 1745 fut extrêmement pluvieuse : presque

(a) Le commencement de cette expérience a été rapporté dans le mémoire lu à l'Acadé-mie.

tous les froments germerent dans l’épi, les gerbes qu’on engrangeoit étoient fort humides, les grains s’écrasoient sous le fléau plutôt que de quitter la paille, & pour peu de temps qu’ils restassent sur l’aire de la grange, avant que d’être nettoyés, ils s’échauffoient & contractoient une odeur semblable à celle du fumier de pigeon.

Ces froments étoient si humides, qu’ils perdoient dans l’étuve échauffée à 50 degrés, un huitieme de leur poids.

On ne les mettoit dans les greniers ordinaires qu’à un pied d’épaisseur, on les remuoit tous les 4 à 5 jours, & malgré ces attentions ils étoient toujours dans un état de fermentation qui se faisoit connoître par la chaleur qui régnoit dans le tas, & par la mauvaise odeur qui se répandoit dans les greniers.

Soixante-quinze pieds cubes de

ce froment germé qui sentoit fort mauvais, & qui étoit si humide, qu'il mouilloit le plancher des greniers où il avoit avoit seulement reposé quelques jours, furent mis en cet état, & sans avoir passé par l'étuve, dans un de nos petits greniers. (*Pl. V. Fig.* 1 & 3.) J'avoue que nous n'avions aucune espérance de pouvoir l'y conserver, mais il falloit constater ce que les soufflets pourroient opérer sur du grain aussi défectueux, & n'avoir aucune attention aux frais qu'exigeroit cette maniere de les conserver.

Comme ce grain étoit fort chaud quand on le mit dans notre grenier, on l'éventa trois ou quatre fois dans la premiere semaine, & fort long-temps; on l'éventa une fois tous les huit jours pendant les mois de Décembre & de Janvier : comme alors il étoit devenu frais, & comme il avoit perdu une partie de la mauvaise odeur, on ne l'éventa plus qu'une fois tous les 15 jours jufqu'au mois de Juin.

Alors, comme on s'apperçut en fourrant la main dans le deffus du tas qu'il s'échauffoit, on crut qu'il alloit fe corrompre entiérement, ce qui détermina à vuider ce petit grenier; mais quand on eut ôté environ un pied d'épaiffeur de deffus le tas, nous fûmes agréablement furpris de trouver le refte frais fans beaucoup d'odeur, & plus fec que celui qui avoit été confervé dans les greniers ordinaires: de forte qu'après un peu de réflexion, nous eûmes regret d'avoir vuidé ce grenier, où vraifemblablement le grain fe feroit confervé en faifant agir fréquemment les foufflets.

Effectivement, pourquoi le deffus du tas étoit-il plus altéré que le refte? C'eft certainement parce que l'humidité qui s'échappoit en vapeurs s'étoit porté vers le haut: ainfi il eft très-vraifemblable que,

fi

ſi au lieu de vuider ce grenier, on eût pris le parti de l'éventer plus ſouvent, l'humidité qui s'étoit raſſemblée à la partie ſupérieure, ſe ſeroit diſſipée entiérement.

Mais cette expérience nous apprend une choſe qu'il eſt important de ne pas ignorer ; ſavoir que dans ces ſortes de greniers, c'eſt le haut du tas qui eſt le plus ſujet à s'altérer ; de ſorte que ſi le grain qu'on tire par les ſoupiraux du deſſus eſt en bon état, on en doit conclure avantageuſement de tout le reſte, & ce n'eſt pas un petit avantage que d'avoir ſous les yeux & à portée de la main, la partie du tas qui a ſouffert la plus grande altération. Il n'en eſt pas de même dans les greniers ordinaires, le deſſus du tas étant expoſé à l'air, eſt ordinairement plus ſec & en meilleur état que le dedans.

F

REMARQUES.

Nous allons interrompre l'ordre des dates de nos expériences, pour rapprocher les unes des autres toutes celles qui ont pour objet de constater si l'air seul suffit pour conserver le froment.

Nous avions des raisons & des expériences plus qu'il ne nous en falloit, pour être certain qu'on peut, au moyen d'un courant d'air établi de temps en temps dans nos greniers, y conserver très-parfaitement du froment qui seroit de bonne qualité. Nous avions même de fortes présomptions de croire qu'il seroit possible d'y conserver du grain humide, pourvu que les greniers fussent petits, & qu'on eût soin de faire jouer les soufflets plus ou moins souvent, selon que le grain seroit plus ou moins humide; mais il falloit tenter des épreuves fur de plus groffes maffes, & avec du froment qui étant récolté dans une année humide, feroit difficile à conferver, même par la méthode ordinaire.

Ces circonftances fe préfenterent en 1750. Le froment fur pied avoit été nourri d'humidité, la moiffon avoit été pluvieufe, & toute l'année 1751 ayant été fort humide, quelque attention qu'on eût à remuer fréquemment les grains confervés à l'ordinaire, ils ne fe defféchoient pas; & pour peu qu'on tardât à les remuer, ils s'échauffoient & contractoient une mauvaife odeur. D'ailleurs, les froments de cette récolte étoient mêlés de beaucoup de nielle & de charbon. Ces grains altérés contiennent beaucoup d'humidité qu'ils perdent difficilement: pour peu néanmoins qu'ils en confervent, ils contractent bientôt une mauvaise odeur qui se communique au bon grain. Toutes ces raisons rendoient le froment de la récolte de 1750 si difficile à conserver, qu'avec des attentions particulieres, nous n'avons pu empêcher ceux que nous avions dans les greniers ordinaires, de contracter un peu d'odeur, & que la plupart des fermiers se sont crus obligés de le vendre à bas prix ; parce que ceux qui font des magasins de froment n'osoient se charger des grains de cette récolte, appréhendant de les perdre. C'est néanmoins avec ces froments défectueux que nous avons fait l'expérience suivante.

Expérience sur 555 pieds cubes de froment humide, difficile à conserver, & que nous avons mis dans nos greniers sans être étuvés.

Pour peu qu'on ait pris une légere idée de la construction de nos greniers, & de la méthode que nous proposons pour conserver le froment,onconviendra qu'il est important de le nettoyer avec tout le soin possible avant que de le mettre dans nos greniers, puisque quand une fois il y est renfermé, il n'y a plus moyen de le cribler jusqu'à ce qu'on l'en tire : il faut sur-tout ôter très-soigneusement tous les grains niellés & charbonnés ; car nous savons par nos propres expériences, quil ne manqueroient pas de communiquer, une mauvaise odeur à tout le grain.

Nous prêtâmes donc une singuliere attention à bien nettoyer les 555 pieds cubes de froment que nous nous proposions de renfermer dans un de nos greniers, & nous y réufsîmes si parfaitement, que ce grain, qui au sortir de la grange étoit mêlé d'un sixieme de nielle ou de charbon, n'en avoit presqu'aucune impression quand nous

le déposâmes dans un de nos greniers ; mais il ne nous fut pas poffible d'enlever une pouffiere fine
que l'humidité attachoit trop inti-
mément au grain.

Ce froment nettoyé autant qu'il
pouvoit l'être, fut mis, à l'épaiffeur
de 4 pieds & demi à 5, dans un de
nos greniers , dont les foufflets
étoient mûs par un moulin à vent.

On n'a pas manqué de vent pendant toute l'année 1751 jufqu'au
printemps de 1752 ; & comme il
n'en coûtoit ni foin ni dépenfe pour
faire jouer les foufflets, le froment
étoit fouvent éventé : il s'eft très-
bien confervé, & l'air des foufflets l'a non-feulement defféché,
mais il lui a fait perdre une partie
de la mauvaife odeur qu'il avoit
quand on l'a renfermé.

Il eft vrai qu'au fortir du grenier ce froment étoit très-chargé
d'une pouffiere fine qui s'étoit détachée des grains à mefure que

l'humidité s'étoit diffipée ; mais après qu'il a été paffé au crible à vent, on l'a trouvé de très-bonne qualité, & les boulangers l'ont acheté fur le pied du beau froment qui étoit au marché.

REMARQUES.

On vient de voir que du grain fort humide, & qui avoit une grande difpofition à fermenter, s'eft très-bien confervé dans nos greniers par la feule précaution de l'éventer fréquemment. Néanmoins il feroit dangereux de prendre trop de confiance à cette expérience ; car, fi vers le mois de Juin, quand, pour ainfi dire, tout fermente dans la nature, il étoit furvenu un calme qui eût tenu notre moulin dans l'inaction pendant un mois ou cinq femaines, il eft probable que ce grain humide fe feroit corrompu : ainfi, pour ne rien

rifquer, il faut prendre un des deux
partis que je vais indiquer.

PREMIERE MÉTHODE.

Il ne faut point mettre de froment nouveau dans les greniers
de confervation; mais au fortir de
la grange on le mettra dans un grenier ordinaire que je nomme, *de
dépôt*, où on le remuera fouvent,
on le paffera dans les différents cribles dont nous parlerons dans la
fuite, & on emploiera tous les
moyens poffibles pour bien nettoyer ce froment, qui perdra par
fes opérations une partie de fon
humidité, de forte que le froment
récolté en 1740, ne pourra être
mis dans nos greniers de confervation, qu'aux mois de Juillet,
Août, Septembre ou Octobre 1741,
on aura ainfi fuffifamment de temps
pour bien nettoyer les grains, &
pour leur procurer un degré de
féchereffe

féchereſſe qui les rendra aiſés à
conſerver.

Cette méthode ſera ſuffiſante
pour les fermiers & les ſeigneurs,
qui n'ont à conſerver que le grain
de leur récolte & des revenus de
leurs ſeigneuries , dixmes, cham-
parts, rentes en grains, &c. Il n'y
en a point qui n'ayent aſſez de
greniers pour contenir la récolte
d'une année ; ainſi les greniers de
dépôt ne leur manquent pas. Mais
quand pluſieurs années de grande
récolte ſe ſuccedent , ils ne ſavent
que faire de leurs grains ; c'eſt dans
ce cas que le grenier de conſervation leur ſera néceſſaire , & ils le
peuvent faire aſſez grand pour conſerver du grain de cinq à ſix années : alors chaque année le grenier de dépôt étant vuidé dans le
grenier de conſervation , ils con-
ſerveront leurs grains , mais ce ne
ſera pas ſans ſoins, ſans déchet &
ſans frais.

G

Il faut convenir que le moyen que nous venons de propofer, ne feroit pas d'une grande utilité à ceux qui voudroient faire de grands magafins de froment : car dans ce cas il faut profiter des circonftances ; on a de l'argent qu'on veut employer ; il fe préfente des temps où le froment eft à vil prix, il en faut profiter ; fi l'on achete beaucoup de froment nouveau, il faudra des greniers de dépôt d'une étendue énorme ; heureufement il eft poffible de précipiter le defféchement du froment, & de le mettre promptement en état d'être tiré du grenier de dépôt, & verfé fans crainte dans celui de confervation.

SECONDE MÉTHODE.

On ne peut fe difpenfer d'avoir un grenier de dépôt pour y nettoyer le froment avant que de le renfermer dans le grenier de confervation ; mais fi-tôt que ce grain fera bien net, on le paſſera dans une étuve dont nous donnerons la deſcription ; car par cette ſeule opération qui n'eſt ni embarraſſante ni coûteuſe, on rendra en fort peu de temps le froment plus ſec que ſi on l'avoit conſervé un an dans le grenier de dépôt : ainſi au ſortir de l'étuve, il ne ſera plus queſtion que de ſe paſſer une fois au crible à vent pour le refroidir & ôter la pouſſiere qui ſe fera détachée du froment, à meſure qu'il aura perdu ſon humidité ; en cet état, on pourra le dépoſer avec confiance dans les greniers de conſervation, c'eſt ce que nous allons prouver par pluſieurs expériences.

EXPÉRIENCE ſur 90 pieds cubes de beau froment étuvé qui a été conſervé ſans avoir été éventé.

Ce froment avoit été nettoyé

avec tout le soin possible ; aussi,
quoique dans le temps de la récolte, il fût mêlé de nielle & fort
chargé de poussiere, on étoit parvenu à le rendre fort net, & en
cet état on ne pouvoit lui repro-
cher que d'être humide.

Pour le dessécher, on le passa à
l'étuve, comme nous le dirons
dans la suite ; & quand on le jugea
suffisamment sec, on le déposa
dans un de nos petits greniers
qu'on ferma bien exactement.

Nous avions eu la précaution
d'y adapter deux soufflets, pour y
avoir recours supposé qu'il vînt
à s'échauffer ; mais cette précaution fut superflue, car le froment
se conserva fort bien sans avoir
jamais été éventé.

Je ne dois pas négliger d'avertir que ce froment avoit perdu
dans l'étuve une petite odeur désagréable qu'il avoit avant que d'en
avoir éprouvé la chaleur.

Remarque.

On voit par l'expérience précédente que du froment bien desséché & bien nettoyé peut se passer d'être éventé ; & cette vérité sera confirmée par plusieurs expériences que nous rapporterons dans la suite : mais il ne sera pas hors de propos de faire voir combien il est important de bien nettoyer le froment avant que de le renfermer dans les greniers de conservation.

Expérience sur 75 pieds cubes de petit froment mêlé de noir qui a été étuvé & non éventé.

Nos différents cribles avoient séparé le beau & gros froment d'avec le petit, & nous étions parvenus à rendre le gros froment bien net de nielle & de charbon, mais il ne nous avoit pas été possible de nettoyer aussi-bien le petit ;

il reſtoit dans celui-ci des grains noirs avec beaucoup de pouſſiere, & l'étuve ne put lui emporter toute ſa mauvaiſe odeur, comme elle avoit fait au gros froment.

Nous étions bien aſſurés qu'en éventant fréquemment ce petit froment, nous ſerions parvenus à lui ôter cette mauvaiſe odeur, ou du moins à empêcher qu'elle n'augmentât ; mais comme il s'agiſſoit de conſtater les effets de l'étuve, il fut décidé qu'on n'éventeroit ce froment qu'en cas qu'on s'apperçût qu'il fût prêt à ſe corrompre entiérement : on n'a pas été dans ce cas ; mais la mauvaiſe odeur avoit tellement augmenté, qu'au ſortir du grenier, on fut contraint de le repaſſer à l'étuve, & de le cribler à pluſieurs repriſes. Avec ces précautions, qui occaſionnerent des frais aſſez conſidérables, on le mit en état de faire du pain aſſez bon.

REMARQUES.

Cette expérience fait voir 1°. qu'il eſt important de bien nettoyer les grains avant que de les renfermer dans le grenier de conſervation, & qu'il y a des cas où il eſt avantageux de joindre l'action des ſoufflets au deſſéchement de l'étuve. 2°. Que du froment qui a contracté une mauvaiſe odeur, peut être rétabli au moyen de l'étuve & du crible à vent.

EXPÉRIENCE faite ſur 825 pieds cubes de beau froment qu'on a légérement étuvé & qu'on a éventé de temps en temps.

Nous n'étions pas encore parvenus à avoir une méthode ſûre, nous étions occupés à la chercher; & les expériences que nous venons de rapporter, nous ayant fait connoître qu'on peut con-

G iiij

ferver de bon froment fort net, lorfqu'on l'a bien deſſéché par l'étuve, ſans qu'on ſoit obligé de l'éventer, & qu'il eſt également poſſible de conſerver de bon froment, paſſablement ſec, pourvu qu'on ait ſoin de l'éventer de temps en temps; nous crûmes qu'il ſeroit avantageux (ſur - tout pour les grands magaſins) de réunir ces deux moyens.

Nous fîmes, pour nous en aſſurer, étuver médiocrement 825 pieds cubes de gros froment bien nettoyé : il étoit de la récolte de 1750, & par conſéquent d'une médiocre qualité ; au ſortir de l'étuve, il fut mis dans un grenier de conſervation à l'épaiſſeur de 6 à 7 pieds, & ce grenier étoit à portée d'être éventé par les ſoufflets que notre moulin à vent faiſoit jouer. (*a*)

(*a*) On trouvera dans la ſuite la deſcription de ce moulin.

D'abord ce froment avoit une mauvaise odeur qui ne se dissipa qu'en partie à l'étuve, mais elle se perdit entiérement par l'attention qu'on eut de l'éventer fréquemment ; ainsi ce froment s'est non - seulement bien conservé , mais de plus il s'est amélioré , & il est devenu de si bonne qualité , que les boulangers le préféroient à tout autre , & l'achetoient vingt sols par sac plus cher que le même froment conservé à l'ordinaire.

REMARQUES.

1°. Nous regardions alors comme très-avantageux de réunir le desséchement de l'étuve à l'action des soufflets, non-seulement parce que la conservation en est bien plus parfaite & plus sûre , mais encore parce qu'elle est plus aisée ; car si l'on ne veut pas employer les soufflets, il faut que le desséchement soit parfait, & alors il faut tenir l'étuve à 50 degrés de chaleur pendant 8 ou 10 heures, & laisser le froment dans l'étuve pendant 48 heures, ce qui est long & pénible ; si l'on veut se passer de l'étuve, il faut faire jouer les soufflets fréquemment ; mais en employant les deux moyens, on s'épargne ces soins, & on s'assure de la réussite.

On verra dans la suite qu'avec le secours de l'étuve seule, on peut parvenir à une parfaite conservation, sans beaucoup de frais & de peine : mais nous n'avons acquis ces connoissances qu'en multipliant les expériences.

2°. Dans toutes nos épreuves, nos grains n'ont jamais été beaucoup endommagés, ni par les tignes, ni par les charansons, quoique dans les années où elles ont été exécutées, ces insectes fissent beaucoup de désordres dans les greniers ordinaires. C'étoit à la vérité un pronostic avantageux pour nos greniers; mais on auroit tort d'en conclure affirmativement que les grains qui y font renfermés font entiérement à couvert de ces infectes : car l'attention que nous avions eue de n mettre dans nos greniers que des grains foigneusement nettoyés, peut faire croire que ceux que nous y renfermions étoient exempts de toute espece d'infectes, & ces grains étant exactement renfermés , étoient inaccessibles à ces petits animaux ; mais les attentions que nous avons apportées pour nos expériences n'étant guere praticables pour de grands approvifionnements , on auroit lieu de craindre que quelques-uns de ces infectes qui fe feroient par hafard gliffés dans le bon grain, ne vinffent à fe multiplier dans l'intérieur de nos greniers, où ils feroient d'autant plus dangereux que ces grains ne doi-

vent jamais être remués. Ces réflexions nous déterminerent à faire
les expériences que nous allons
rapporter.

EXPÉRIENCE faite fur 75 pieds cubes
de froment chargé de beaucoup
de tignes.

Quand l'air eft fort chaud, dans
les faifons du printemps & de l'é-
té, on voit quelquefois voltiger
aux fenêtres des greniers une prodigieufe quantité de petits papillons gris ; les mâles s'accouplent
avec les femelles, & celles-ci vont
dépofer leurs œufs fur les tas de
froment.

Il fort de ces œufs ce que les
fermiers appellent des vers ; mais
ce font de véritables tignes qui
ont une tête écailleufe, deux fer-
res & fix pattes.

Ces tignes fe nourriffent du
froment (& comme tous les animaux du même genre) : elles filent

de la foie, fur-tout lorfqu'elles font prêtes à fe métamorphofer en chryfalides ; cette foie joint tellement les uns avec les autres les grains de froment, que le deſſus du tas eſt couvert d'une croûte aſſez folide qui a quelquefois 3 ou 4 pouces d'épaiſſeur. Si l'on eſſaie de la rompre ; elle forme des eſpeces de mottes ou de gâteaux plus ou moins étendus, felon qu'il y a plus ou moins de tignes dans le grenier.

En brifant ces mottes, on trouve beaucoup de grains dont la farine a été mangée ; on y apperçoit des tignes en vie, ou des chryfalides, fuivant la faifon ; ou bien on n'y voit que des fourreaux vuides, fi les chryfalides ont été métamorphofées en papillons. Quoique le défordre que caufent les tignes fe borne à la croûte, & que le grain foit fain dans le reſte du tas, ces infectes occafionnent néanmoins un déchet confidérable ; car une croûte de 4 pouces d'épaiffeur fait plus d'un cinquieme d'un tas qui a été mis à une hauteur de 18 pouces. Le tort que les tignes font à ce froment ne fe borne pas au déchet, ces infectes alterent encore les grains fains par une mauvaife odeur qu'ils leur communiquent, & que les marchands de bled nomment *l'odeur de la mite.*

Ces obfervations nous faifoient préfumer que les tignes ne pourroient pas fubfifter dans nos greniers de confervation : effectivement, puifque cet infecte n'occupe que la fuperficie du tas, comment pourra-t-il vivre dans nos greniers dont la furface, qui eft fort petite, n'eft point expofé à l'air ? Puifque ces animaux ne fe plaifent que dans les greniers où l'air eft fort chaud, comment s'accommoderont-ils des nôtres, qui par leur pofition font très-frais, &

qui d'ailleurs font rafraîchis par l'air qui les traverfe quand on fait jouer les foufflets ? Mais en pareil cas les préfomptions ne font pas fuffifantes ; il faut des faits bien conftatés, des expériences.

L'hiver de 1746 nous fîmes lever dans tous nos greniers la croûte vermineufe qui étoit fort épaiffe, parce que l'été précédent il y avoit beaucoup de tignes. Nous fîmes brifer les mottes & paffer au crible le froment qui en provint. Ce grain, qui affurément contenoit beaucoup d'œufs de tignes, fut mis dans un de nos greniers qui en contenoit 75 pieds cubes. On l'éventa de temps en temps pendant l'hiver.

A la fin de Mai, lòrfque les chaleurs commencerent à fe faire fentir, fi l'on ouvroit les trappes du deffus du grenier, on en voyoit fortir une prodigicufe quantité de tignes, ce qui prouvoit que ces animaux étoient en grande abondance dans ce grain, & nous faifoit augurer qu'ils ne s'y plaifoient pas.

Quand le froment paroiffoit affez éventé, on refermoit les trappes, & c'en étoit pour un mois; car comme ce grain (qui n'avoit point été étuvé) étoit vieux & affez fec, on l'éventoit rarement.

Vers le mois de Juin 1747, on vuida ce petit grenier, toutes les tignes étoient péries, il n'y avoit à la fuperficie qu'une petite croûte de l'épaiffeur d'une ligne, & ce grain avoit perdu un peu de l'odeur de mite qu'il avoit au commencement de l'expérience; auffi fut-il vendu le prix courant du marché.

Remarque.

Cette expérience diffipe tous les doutes, & maintenant on eft certain que la tigne du froment ne ñe peut subsister dans nos greniers: ce qui n'est pas un petit avantage, car cet insecte détruit beaucoup de grains, & altere un peu, par sa mauvaise odeur, celui qu'il n'attaque pas. Cette expérience a été confirmée par une qui a été faite au séminaire de S. Sulpice.

DES CHARANSONS.

Le charanson est un insecte du genre des scarabées, dont je ne fais pas encore bien l'histoire: il se nourrit de froment dont il fait une grande consommation, mais il ne lui communique point d'odeur.

Cet animal s'engourdit par le froid, mais il ne meurt pas: j'en ai ramassé dans des temps de gelée qui sembloient morts, & en les tenant dans un lieu chaud, ils reprenoient bientôt leur premiere vigueur.

Il supporte une très - grande chaleur: j'en ai vu sortir de notre étuve en très-bon état, quoiqu'ils eussent éprouvé une chaleur de plus de 60 degrés du thermometre de M. de Réaumur. Il est vrai que ces charansons pouvoient s'être nichés dans quelque coin du bas de l'étuve où la chaleur n'étoit pas si forte qu'à l'endroit où étoit le thermometre ; car en ayant mis dans de petits sacs de toile auprès du thermometre, ils ont péri à ce degré de chaleur, mais ils ont supporté 50 degrés.

On a des expériences qui prouvent que cet animal peut vivre très-long-temps sans manger.

Il se nourrit de froment vieux & sec comme du nouveau ; il creuse les grains pour manger la farine, & il laisse le son.

Il y a lieu de présumer que cet insecte se nourriroit de la chair des animaux, car ceux qui couchent auprès des greniers où il y a des charansons, éprouvent que leur

morſure eſt beaucoup plus incom-
mode que celle des puces ; il eſt
probable qu'ils mangent les tei-
gnes, car on n'en voit pas ordinairement dans les greniers où il
y a beaucoup de charanſons; mais
c'eſt un ſimple ſoupçon.

On remarque dans les baſſes-
cours que les poules qui ont beaucoup mangé de charanſons meu-
rent, & on aſſure que ces animaux qui ont la vie fort dure, leur
percent le jabot.

Pour m'aſſurer ſi, comme on le
prétend, les odeurs fortes chaſ-
ſent les charanſons, j'ai pris deux
grandes caiſſes, j'en ai verni une
intérieurement avec de l'eſſence
de thérébentine très-pénétrante,
& j'ai mis dans les deux caiſſes
du froment rempli de charanſons :
au bout de ſix ſemaines je fis cribler ce grain, & je trouvai autant
decha-anſons dans la caiſſe vernie
que dans l'autre. Cette expérience

doit rendre suspectes plusieurs des recettes qu'on propose comme infaillibles.

Je sais, par expérience, que la vapeur du soufre brûlant fait mourir les charansons : mais ce moyen n'est guere praticable, car cette vapeur change la couleur du grain, elle le blanchit, & elle donne au froment un odeur dédésagréable qui lui fait beaucoup de tort quand on l'expose en vente, quoiqu'elle soit peu sensible dans le pain, & qu'elle ne soit point du tout contraire à la santé : il est cependant fâcheux qu'on ne ne puisse pas faire usage de la vapeur du soufre, car elle a le double avantage de faire périr les insectes & d'arrêter la fermentation. Il seroit déplacé de rapporter ici toutes les preuves que j'en ai ; mais ayant essayé inutilement de faire perdre au froment soufré sa mauvaise odeur, je me proposai d'employer la vapeur du charbon pour faire périr les charançons : cette vapeur eſt, comme l'on ſait, un phlogiſtique très-exalté , & preſque auſſi ſuffoquant que la vapeur du ſoufre.

Notre étuve étant pleine de froment où il y avoit du charançon, au lieu de la chauffer avec le poële, j'allumai dans l'intérieur deux grands fourneaux remplis de charbon vif, ce qui produiſit une vapeur ſi forte qu'une perſonne qui voulut mettre la tête dans l'étuve penſa être ſuffoquée ; malgré cela, en vuidant l'étuve, on trouva une aſſez bonne quantité de charançons qui paroiſſoient ſe bien porter : pluſieurs étoient morts, & cette vapeur n'affecta le grain d'aucune mauvaiſe odeur ; ainſi on ne court aucun riſque d'en faire uſage.

Je n'ai donc trouvé d'autre moyen ſûr pour faire périr les charançons, que de leur faire éprouver une très-grande chaleur. J'en parlerai dans la suite. Mais j'ai des préfomptions affez fortes qui me font croire qu'ils ne peuvent fubfifter dans nos greniers, lorfqu'on rafraîchit les grains par un renouvellement d'air fréquemment répété : les voici.

Si dans un grenier ordinaire où il n'y a pas de charanfons, on en répand çà & là, il ne faut pas croire qu'ils refteront aux endroits où le hafard les aura placés, ils fe ramafferont par pelotons, ainfi ces animaux doivent vivre en fociété.

Dans les endroits où les charanfons fe feront établis, on fentira avec la main une chaleur confidérable pendant que dans le refte du grenier, le froment fera frais : cette remarque nous fait croire qu'il faut une chaleur confidérable pour faire éclorre leurs œufs.

Notre conjecture reçoit quelque degré de probabilité d'une autre obſervation : ſçavoir que les charanſons occupent par préféren-ce le côté du grenier qui eſt ex-poſé au midi : ainſi quoiqu'un froid aſſez vif ne faſſe pas périr cet ani-mal, je crois que la chaleur eſt néceſſaire pour la multiplication de ſon eſpece.

Toutes ces raiſons me font pen-ſer que dans nos greniers qui ſont toujours frais & où l'air eſt fré-quemment renouvellé, ces inſectes reſteront dans un état d'engour-diſſement peu propre à leur multi-plication : c'eſt-là une pure conjec-ture qui deviendroit un fait incon-teſtable, ſi j'avois pu répéter l'ex-périence que je vais rapporter.

EXPÉRIENCE.

Dans le mois de Mai 1751, nous avions mis des charanſons dans un de nos greniers, & quand nous l'avons vuidé dans les mois de Juil-let & d'Août 1752, nous n'en avons trouvé aucun. Au reste, il est certain que si l'on trouve jamais un moyen sûr pour faire périr les charanſons, il ſera plus aiſé à pratiquer dans nos greniers que dans ceux qui ſont conſtruits à l'ordinaire, & l'on trouvera dans la ſuite un moyen ſûr de ſe mettre à l'abri de ce redoutable inſecte.

REMARQUES.

Pour faire voir que le problême qui faiſoit le ſujet de nos recherches, eſt complétement réſolu, il convient de reprendre-les unes après les autres les conditions qui ſont compriſes dans ſon énoncé.

Premiere condition : *Conſerver beaucoup de froment dans le plus petit eſpace poſſible.* Indépendamment de ce qui eſt dit à ce ſujet dans le Mémoire lu à l'Académie, il ſuffit, pour prouver que nous avons ſatisfait à cette premiere condition, de dire que nous avons fait tenir

dans

dans une tour ronde qui a 22 pieds de diametre dans œuvre, tout le grain qui étant à 18 pouces d'épaisseur, remplissoit un grenier de 1680 pieds de superficie.

Seconde condition : *Si long-temps qu'on voudra.* On a vu que du froment de huit ans, qui en avoit resté sept dans nos greniers, a été recherché préférablement à tout autre par les boulangers de Pithiviers, & ceux qui ont conservé des grains, savent que du froment qui ne s'est point altéré les deux premieres années, ne court plus risque de se gâter, & qu'on le conserveroit, sans beaucoup de soins, un bon nombre d'années, si on pouvoit le garantir de la rapine des animaux qui cherchent à s'en nourrir. (*a*)

Troisieme condition : *A peu de*

(*a*) Nous en avons depuis conservé pendant onze ans sans le remuer ni le cribler ; & après ce temps, il s'est trouvé parfait.

I

frais. On ne peut rien épargner sur les frais du parfait nettoiement qui est essentiel, sur-tout quand on veut suivre notre méthode : on verra dans la suite que les frais de l'étuve sont fort peu de chose ; & quand le grain est une fois mis dans le grenier, on est déchargé de tout : le moulin fait jouer les soufflets, & un homme foible ou valétudinaire peut vaquer à l'entretien de sept à huit grands greniers ; ayant même continué nos recherches, nous sommes parvenus à conserver le grain sans le secours des soufflets.

Quatrieme condition : *Sans déchet, n'étant exposé ni aux rats, ni aux souris, ni aux insectes, & sans qu'il puisse s'en perdre par les trémies qui sont presque inévitables avec les greniers ordinaires.* En attendant que nous parlions plus en détail de la construction de nos greniers, on peut, pour s'en former une idée, se repréſenter une grande caiſſe de bon bois, qui n'ait pour toute ouver-ture que quelques ſoupiraux qu'on ferme avec une forte trappe de bois de chêne qu'on n'ouvre que pendant qu'on évente, ſi l'on juge à propos de renouveller l'air, ou lorſqu'on veut connoître en quel état eſt le grain. Cette deſcription, toute vague qu'elle eſt, fait com-prendre de reſte que le froment eſt à couvert des rats, des ſouris, des oiſeaux, & qu'il ne peut ſe perdre par des trémies : à l'égard des inſectes, on peut ſe rappeller ce que nous en avons dit plus haut.

Cinquieme condition : *Enfin, étant à l'abri de tout larcin, même de la part du gardien qui ſera chargé de veiller à ſa conſervation.* Com-me tout le ſoin du gardien ſe ré-duit à ouvrir les trappes & les regiſtres qui répondent au grenier qu'on veut éventer, & à faire tourner le moulin, le propriétaire peut, sans le gêner dans ses fonctions, conserver la clef d'une grille qui couvriroit les soupiraux, & absent comme présent, il n'aura à craindre que la négligence du gardien qui doit veiller à profiter sur-tout des vents secs, pour éventer successivement les greniers qui lui sont confiés : & comme on peut se passer de faire jouer les soufflets, il suffira de fermer les trappes avec de bons cadenas.

Mais ces généralités ne suffisent pas pour mettre le public à portée de profiter de nos recherches, il faut entrer dans les détails, & expliquer toutes les circonstances de nos opérations. Elles se réduisent à bien nettoyer le froment, à le dessécher dans l'étuve & à le déposer dans des greniers construits convenablement. Nous suivrons cet ordre dans l'exposé circonstancié des différentes opérations que nous avons mis en usage.

CHAPITRE III.

Du nettoiement qu'il faut donner au froment avant que de le passer à l'étuve.

Uand le froment est battu, on le nettoie sur l'aire même, en le jettant, (comme l'on dit,) *à la roue*, en le passant dans des cribles de mégisserie, en le vannant, ou par d'autres pratiques qui varient suivant les provinces : il seroit inutile de les détailler ici puisqu'il n'importe celle qu'on suivra, la perfection de cette premiere opération étant peu importante.

Mais le froment qui est nettoyé comme le pratiquent les batteurs en grange pour le disposer à être monté dans les greniers ordinaires, ne l'eſt pas aſſez parfaitement pour être renfermé dans nos greniers : la raiſon en eſt claire. En ſuivant l'uſage ordinaire, on eſt obligé de remuer fréquemment le grain & de le paſſer de temps en temps par le crible incliné (*Planche I. Fig.* 1.) toutes les fois qu'on répete ces opérations, on emporte de la pouſſiere, des grains charbonnés, s'il y en a, & même une partie du ſon, mais en ſuivant notre pratique, le grain reſtant dans l'état où il étoit quand on l'a mis en grenier, la pouſſiere, la nielle, le charbon, les graines, toutes ces choſes étrangeres au bon froment ſe retrouveront au ſortir du grenier, ſi l'on n'a pas eu ſoin de les en ſéparer avant que de l'y dépoſer.

On ne peut parvenir à ce parfait nettoiement qu'en lavant les grains charbonnés, les mettant dans des corbeilles qu'on plonge dans une eau courante, ou par le moyen de différents cribles : nous en allons décrire trois dont il convient de se pourvoir.

PREMIER CRIBLE.

Le Crible en plan incliné (Pl. I. Fig. 1. *)* est assez généralement connu pour que nous nous contentions d'en donner une courte description, d'ailleurs il est fort simple : il est composé d'une trémie *A* dans laquelle on verse le grain qui en sort peu à peu pour se répandre en nappe sur un plan incliné *B* formé par des fils d'archal rangés parallélement les uns aux autres & assez près à près pour que les grains ne puissent pas passer au travers : le bon froment qui roule sur ce plan incliné à l'horizon d'environ 45 degrés, se répand au bas du crible en *C*; mais les petits grains, une partie des grains charbonnés, & les graines plus menues que le froment, de même que la plupart des charanfons, traverfent le crible & tombent fur un cuir *D* tendu à trois pouces de diftance fous le fil d'archal : toutes ces immondices coulent fur le cuir & fe rendent dans une chaudiere de cuivre *E* placée derriere le fil d'archal.

On a perfectionné ce crible : on a mis deux plans de fils d'archal l'un fur l'autre ; au plus élevé, les fils font affez écartés pour retenir les plus gros grains & laiffer paffer les petits qui tombent fur le fecond plan, qui ne laiffe paffer que la pouffiere & les très-petits grains qui ne contiennent point de farine : ces criblures, qu'on nomme le *Billon*, fe raffemblent fur la peau & tombent dans le le chauderon.

On a encore mis au-deffus du plan fupérieur des feuilles de fer blanc piquées comme des rapes & qui font tout près du fil d'archal, afin de gratter le grain & d'en détacher la pouffiere.

Cet inftrument a l'avantage de coûter peu & d'être fort expéditif. Mais comme il ne nettoie pas auffi parfaitement le grain que ceux dont nous allons parler, on n'en doit faire ufage que pour les nettoiements provifionnels qu'on fait à mefure qu'on ramaffe le grain dans le grenier de dépôt, ou pour nettoyer les grains qui contiennent beaucoup de charanfons.

SECOND CRIBLE.

Le Crible cylindrique, ou en bluteau; (*Pl. I. Fig. 2, 3, 4 & 5*) eft un cylindre *A* femblable à celui des bluteaux ordinaires qui fervent à féparer les différentes farines, excepté que le bâti en eft plus folide, que le cylindre eft d'un plus grand diametre, & qu'au lieu d'ê-

tre garni de toile, il l'eſt alterna-
tivement de feuilles de tôle piquées comme des grilles à raper
du ſucre (*a*) & de fils d'archal (*b*)
poſés parallélement les uns aux
autres, comme ceux du crible à
plan incliné.

On verſe le grain dans une trémie *B* d'où il coule dans le cylindre qui releve un peu du côté de
la trémie (*Fig. 3.*) on fait tourner
le cylindre avec une manivelle *C*;
ſa pente détermine le grain à ſe
rendre peu à peu à l'autre bout *D*
où il tombe dehors : tout ce crible eſt, comme les bluteaux ordinaires, couvert entiérement de
toile pour empêcher la pouſſiere
de ſe mêler avec le bon grain.

Dans ce trajet, le froment eſt
fortement gratté toutes les fois
qu'il rencontre les zônes formées
de tôle piquée (*a*) ; la pouſſiere &
les petits grains s'échappent par
les zônes qui ſont en crible de fil

d'archal (b) ; ainsi quand le grain sort par l'extrémité *D* opposée à la trémie, il est clair, brillant & d'une couleur tout autrement belle que celle qu'il avoit avant cette opération.

Ce crible est sur-tout excellent pour nettoyer les grains niellés, charbonnés, ou mouchetés ; quelquefois néanmoins quand le grain est très-sale, il faut le passer plusieurs fois par cet instrument, ou le laver. Pour que le crible fasse bien son devoir, il faut qu'il ait 2 pieds ou 2 pieds & demi ou même 3 pieds de diametre.

TROISIEME CRIBLE.

Le Crible à vent (Pl. II. Fig. 1, 2, 3, &c.) est plus composé. On met, comme aux autres, le froment dans une trémie *A.* (*Fig. 2, 3, 6.*) Il en en sort par une ouverture *B (Fig. 3 & 6)* qu'on rend plus ou moins grande en ouvrant plus ou moins une petite porte à couliſſe *C*, ce qui s'exécute aiſément en tournant un petit cylindre *D* placé au-deſſus, autour duquel ſe roule une ficelle qui répond à la petite porte.

Au ſortir de la trémie, le froment ſe répand ſur un crible *E* qui eſt fait par des mailles de fil de laiton aſſez larges pour que le bon froment y puiſſe paſſer. Les grains avortés & la plupart des charbonnés paſſent avec le bon froment & ſont chaſſés vers *F* par le courant d'air dont nous parlerons dans la ſuite.

Ce crible *E* eſt reçu dans un chaſſis léger de menuiſerie *G* (*Fig.* 4.) & bordé des deux côtés, & au fond par des planches minces *H*.

On fait en ſorte que le crible *E* panche un peu par le devant, & comme cette circonſtance fait que le froment coule plus ou moins

vîte, on est maître de regler convenablement la pente du crible
en tournant une traverse cylindrique *I*, (*Fig. 3*) qui porte à un de
ses bouts une petite roue dentée *L*,
(*Fig.* 1) qui est retenue par un
linguet *M* ; en tournant cette traverse on accourcit, ou on alonge
une ficelle *N* (*Fig. 3*) qui éleve
ou abaisse le bout antérieur du crible.

Malgré cette pente du crible,
le froment ne couleroit pas si l'on
négligeoit d'imprimer au crible un
mouvement de trémoussement.
Voici par quelle méchanique on
produit cet effet.

Au bout *O* de l'essieu (*Fig.* 2)
opposé à celui où est la manivelle *P* (*Fig.* 1) il y a une roue
Q, (*Fig.* 2, 7 & 8) qui a des coches sur la face verticale tour-
née du côté de la caisse ; un
morceau de bois ou un levier un
peu coudé *R* répond à ces coches

par un bout *S*. Ce levier touche,
& eſt attaché à la caiſſe par le ſommet *R* de l'angle fort obtus que
forment ſes deux branches : à
l'extrémité *T* du levier oppoſée à la roue cochée, eſt attachée
un ficelle, qui traverſant la caiſſe,
va répondre au crible. De l'autre
côté de la caiſſe, eſt un autre
morceau de bois *V* (*Fig.* 1) qui
fait reſſort & répond comme le
levier dont on vient de parler,
au crible par une ficelle qui traverſe la caiſſe. Il eſt clair que
quand on fait tourner l'eſſieu, les
coches de la petite roue *Q* donnent un mouvement d'oſcillation
au bout du levier *R* qui lui répond;
ce mouvement ſe communique à
ſon autre bout *S*, & de-là au crible au moyen de la ficelle *T*, ce
qui lui donne le trémouſſement
qu'on deſire.

Ce mouvement détermine le
grain à couler peu à peu ſur le

crible qui eſt un peu incliné, &
ce qui n'a pu paſſer au travers des
mailles, tombe par l'extrémité en
forme de nappe ſur un plan incliné X (*Fig.* 3) qui le jette dehors
& vis-à-vis la partie antérieure
du crible. Ce qui a paſſé par le crible ſupérieur tombe en forme de
pluie ſur un plan incliné d'environ
45 degrés où le froment en roulant
trouve une grille ou un treillis de
fil d'archal (*b*) *Fig.* 3 & *Fig.* 5) ſemblable au premier *E* (*Fig.* 4) mais
dont les mailles ſont un peu plus
étroites pour que le petit grain
tombe ſous la caiſſe en (*d*) (*Fig.* 2)
pendant que le gros ſe répand derriere le crible en (*e*).

On apperçoit ſur un des côtés
de la caiſſe une manivelle *P* (*Fig.*
1) qui fait tourner une roue dentée , (*f*) laquelle engrene dans
une lanterne (*g*) fixée ſur l'eſſieu qui fait tourner la petite roue
cochée *Q*, dont nous avons parlé :

ce grand effieu qui, au moyen de la lanterne, tourne fort vîte, porte huit ailes (*h*) *Fig*. 1 & 3) formées de planches minces qui imprimant à l'air qu'elles frappent une force centrifuge, produit un vent confidérable qui chaffe bien loin vers *F* toute la pouffiere, la paille & les corps legers qui fe trouvent dans le grain, foit que les corps étrangers ayent paffé par le crible fupérieur, ou qu'ils fe trouvent dans les mottes & les immondices qui tombent en nappe devant le crible.

Pour fe former donc une jufte idée de cet inftrument, il faut fe repréfenter un homme appliqué à la manivelle *P*, (*Fig*. 1) elle fait tourner une roue dentée en hériffon (*f*). Cette roue engrenant dans la lanterne, (*g*) qui eft placée au-deffus, imprime un mouvement de rotation affez vif au grand effieu qui fait tourner les

ailes

ailes (*h*) renfermées dans la caisse *K*, & à la petite roue cochée *Q* qui est de l'autre côté de cette même caisse ; cette petite roue *Q* imprime un mouvement de trémoussement au levier *T, R, S* (*Fig.* 2) qui fait mouvoir le crible *E* (*Fig.* 3), tant qu'on tourne la manivelle.

Un autre homme verse du froment dans la trémie *A* : ce froment coule peu à peu, & se répand sur le crible supérieur *E*, qui ayant un peu de pente vers l'avant, & étant dans un trémoussement continuel, tamise le froment & le passe peu à peu en forme de pluie. Dans cette chûte, il traverse un tourbillon de vent occasionné par les ailes (*h*) attachées au grand essieu, & il tombe sur un plan incliné où il y a un second crible (*b*) que je nomme l'inférieur, qui sépare le gros grain du petit.

Comme les pieces qui composent ce crible n'exigent pas une

exacte précision, l'échelle suffira
pour indiquer à peu près quelle
doit être leur grandeur, & je puis
me dispenser de cotter exactement les dimensions de chaque
piece ; mais il est bon d'être prévenu que le grand essieu doit être
de fer & les fuseaux de la lanterne (*g*) de cuivre, sans quoi ces
deux pieces ne dureroient pas
long-temps. Il seroit encore avantageux d'augmenter la grandeur
du crible inférieur, & l'on pourroit avoir des cribles dont les
mailles seroient différemment lo-
sangées pour séparer les différents
grains & les différentes graines.

Ce crible est admirable pour séparer du bon grain la poussiere,
la paille, les crottes de souris,
les graines fines, les grains charbonnés ; en un mot ce qui est plus
léger ou plus gros que le bon froment. Il sépare encore très-exactement toutes les mottes formées

par les tignes , les crottes de chats , &c.

Pour que ce crible produife le meilleur effet poffible, il faut que le grenier foit percé de fenêtres ou de lucarnes de deux côtés op-pofés ; car en plaçant le bout *F* du crible (*Fig.* 2) vis-à-vis la croi-fée qui eft oppofée au vent, le vent qui traverfe le grenier fe joi-gnant à celui du crible , chaffe bien loin toutes les immondices. Ainfi c'eft un fort bon inftrument dont on doit fe pourvoir lorfqu'on fe propofe de faire des magafins confidérables de froment. (*a*) Voi-

(*a*) Pour les petits magafins , on peut fe con-tenter de nettoyer très-foigneufement les grains avec les inftruments qui font en ufage dans cha-que pays.

On a perfectionné ce crible en mettant deux ou trois grilles au lieu d'une , pofées à deux pouces les uns au-deffus des autres : & au lieu de la roue entaillée qui fait trémouffer les cribles , on a mis, comme aux moulins, une piece de bois plate & arrondie par les bords qui fait le même effet , & qui n'a d'autre avantage que de faire moins de bruit.

K ij

ci dans quel ordre je voudrois qu'on se servît des différents cribles dont nous venons de parler.

A mesure qu'on monteroit du froment dans le grenier de dépôt, soit qu'on le tirât du marché ou de la grange, on le passeroit au crible à plan incliné (*Pl. I. Fig.* 1.), ensuite quand on se disposeroit à mettre le froment à l'étuve, on le passeroit par le crible à vent (*Pl. II.*) pour emporter toute la poussiere, sur-tout celle de la nielle ; enfin on emploieroit le crible cylindrique, (*Pl. I. Fig.* 2 *&c.*) & si le froment paroissoit encore un peu chargé de noir, on le repasseroit au crible à vent : bien entendu que quand le froment n'est point affecté par le charbon ni par la nielle, on peut épargner quelques-unes de ces opérations.

Chez M. Malisset à Corbeil, ses moulins montent les sacs au plus haut de la maison, d'où ils

descendent & passent successivement par les cribles dont nous venons de parler ; & ce font les moulins qui font tourner les cribles à
cylindre & ceux à vent : mais comme on n'est pas toujours à portée
de profiter d'un courant d'eau,
on est obligé de tourner les cribles
à bras.

Supposons maintenant que le
grain est bien net, il le faut porter dans l'étuve pour le dessécher,
sur-tout si on l'a lavé ; c'est ce
que nous expliquerons dans le
Chapitre suivant.

EXPLICATION DES FIGURES.

PLANCHE I.

Figure 1. Crible à plan incliné vu
  de profil.
Fig. 2. Plan du crible cylindrique.
Fig. 3. Elévation du crible cylin-
  que, vu de côté.

Fig. 4. Coupe du crible suivant sa longueur.

Fig. 5. Elévation du crible cylindrique vu par le bout.

PLANCHE II.

Figure 1. Crible à vent vu suivant sa longueur du côté de la manivelle.

Fig. 2. Crible à vent vu suivant sa longueur du côté opposé à sa manivelle.

Fig. 3. Coupe longitudinale de ce crible.

Fig. 4. Crible supérieur.

Fig. 5. Crible inférieur: *l, l* est une trappe à coulisse qu'on ferme quand on ne veut point séparer le gros froment du petit, alors ce crible inférieur ne sert pas.

Fig. 6. Trémie séparée de la caisse pour faire voir l'endroit par où sort le grain.

Fig. 7. & 8. Petite roue entaillée

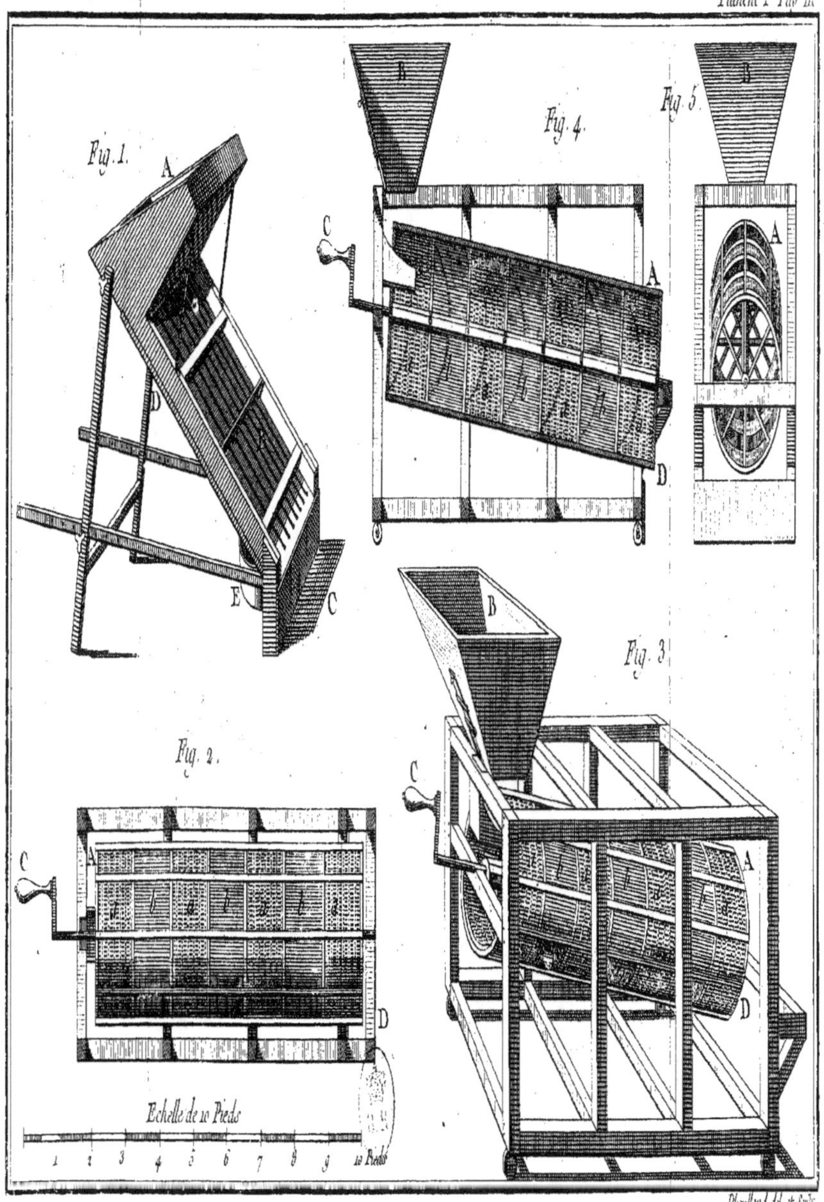
Fig. 1.
A
D
E
C
Fig. 2.
C
A
D
Echelle de 10 Pieds
1 2 3 4 5 6 7 8 9 10 Pieds
Fig. 4.
B
C
A
D
Fig. 5.
B
A
Fig. 3.
B
C
A
D
Planchard del. et Sculp.

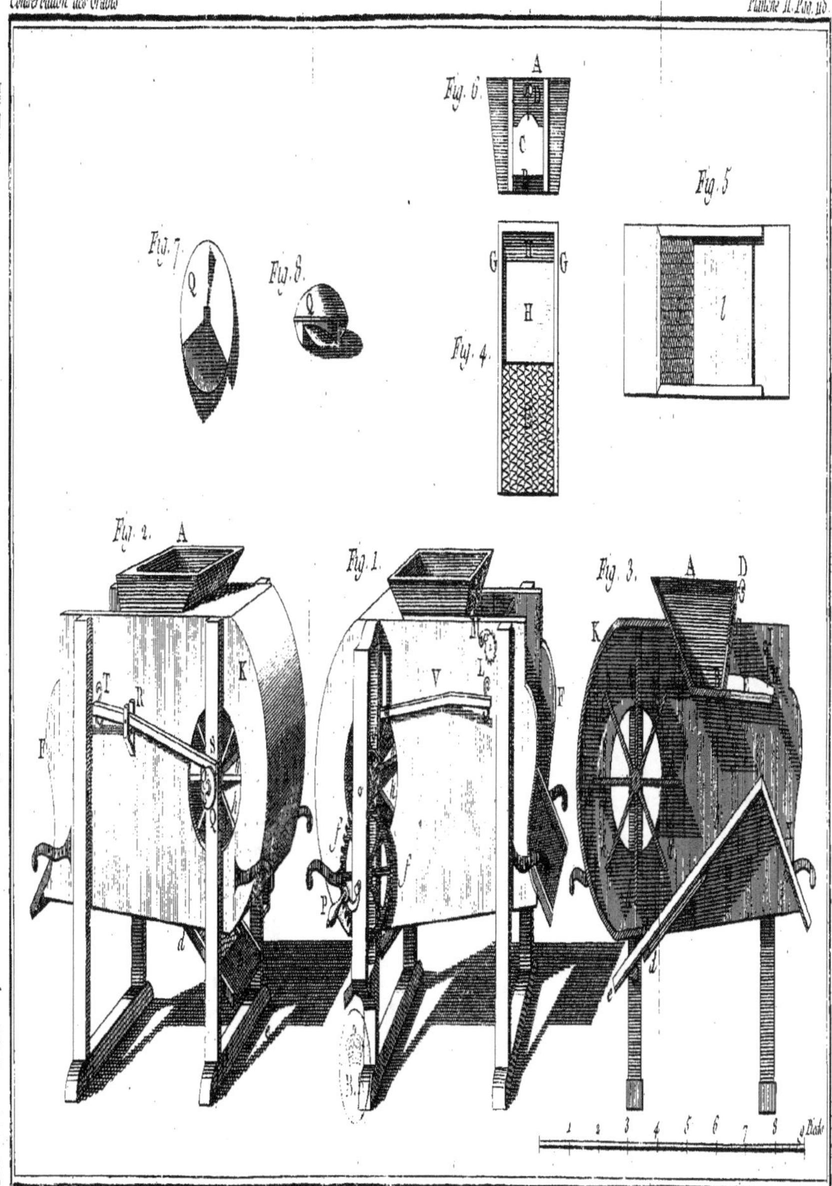
Fig. 6.
A
C
B
Fig. 5.
Fig. 7.
Q
Fig. 8.
Q
G   G
H
Fig. 4.
I
Fig. 2.   A
K
T   R
F   S
d
Fig. 1.
V   L
F
P
Fig. 3.   A   D
K
G

qui sert à faire mouvoir le crible supérieur.

CHAPITRE IV.

Description de l'Etuve ; avec la maniere d'y dessécher le le grain.

ON a vu dans le Mémoire lu à l'Académie, que le froment recueilli dans nos provinces est chargé d'une quantité suffisante d'humidité pour fermenter lorsqu'on le rassemble en grosse masse, & qu'ainsi il faut le dessécher avant que de le renfermer dans nos greniers : sans cette précaution on s'exposeroit à le perdre ; sur-tout si un calme de trop longue durée empêchoit de faire agir les soufflets.

On peut se souvenir qu'en 1744,

le froment de la récolte de 1742
(a) ayant éprouvé dans l'étuve
28 degrés de chaleur, avoit perdu un trente - deuxieme de son
poids, & qu'ayant échauffé l'étuve jusqu'à 51 degrés, le déchet,
au bout de 24 heures, avoit été
d'un seizieme.

Nous avons encore dit, que du
froment de la récolte de 1745 (b)
ayant été mis peu après la moisson
dans une étuve échauffée jusqu'à
50 degrés, avoit perdu un huitieme de son poids : enfin peu de
temps après la moisson de 1750,
le froment qui alors étoit humide,
ayant resté 48 heures dans une étuve échauffée à 50 degrés, perdit un
douzieme de son poids ; & dans le
mois de Septembre 1751, le même froment qui avoit été remué
fréquemment & conservé dans un
grenier ordinaire pendant une an-

(a) Ce grain étoit beau & sec.
(b) Ce grain étoit très-humide.

née

née, ayant été mis dans la même étuve échauffée à 50 degrés, n'avoit perdu en 12 heures de temps qu'un cent soixante-troisieme de son poids ; mais une portion de ce grain qu'on avoit laissé dans l'étuve jusqu'à ce qu'elle fût refroidie, avoit diminué en poids d'un cinquantieme, & en mesure d'un trente-deuxieme.

Comme voilà de grandes différences dans la diminution des grains qui ont été mis à l'étuve, nous avons fait d'autres expériences pour avoir quelque chose de plus certain : nous les rapporterons dans la suite.

Dans ces expériences tous les grains étant mis nouveaux en terre ont germé & levé quoiqu'ils eussent été étuvés ; ils ont donné de belle farine & fourni de bon pain ; ainsi ils n'avoient point été rôtis ni altérés. On a vu plus haut que cette préparation rend le grain

L

beaucoup plus aifé à conferver ;
ainfi il n'eft pas douteux qu'il ne
foit très-avantageux d'étuver les
grains avant que de les expofer
dans les greniers de confervation ;
fuppofé toutes fois que cette pratique ne foit point trop embarraffante, & qu'elle n'exige point des
frais qui la rendent impraticable :
c'eft ce que nous examinerons
après avoir donné la defcription
de l'étuve que nous avons em-
ployée.

L'évaporation de l'humidité ou
le defféchement, eft d'autant plus
facile que ce qu'on veut defsécher
a plus de furface. C'eft un principe de phyfique que nous prouve-
rions par un nombre infini d'expériences, s'il y avoit la moindre
apparence qu'il pût être contefté.
Il fuit de ce principe qu'une groffe
maffe de froment fera très-difficile
à defsécher, pendant que la même quantité répandue à une pe-

tite épaiſſeur ſur pluſieurs tablettes ſe deſſéchera très-promptement. Mais comment parvenir
à arranger ainſi une grande quantité de froment à une petite épaiſſeur ? J'avois d'abord penſé à différentes diſpoſitions de tablettes ;
mais aucune ne rempliſſant parfaitement mes vues, je me détermi-
nai à mettre mon grain dans des
tuyaux verticaux ; & j'étois occupé à faire conſtruire cette étuve,
lorſque M. Maréchal, Directeur
des fortifications de Languedoc,
qui étend ſes vues ſur tout ce qui
peut être utile, rapporta d'Italie
le modele d'une étuve très-ingé-
nieuſement conſtruite, qu'on emploie dans ce pays, pour deſſécher les grains.

Si j'avois eu à prendre des éclair-
ciſſements ſur les étuves propres
à deſſécher les grains, j'aurois été
les chercher dans le Nord, & non
pas dans un pays chaud comme

l'Italie, où j'aurois jugé que la chaleur du foleil & la féchereſſe de l'air auroient difpenfé d'avoir recours à aucun artifice. (*a*) Enfin, il eſt certain qu'on a étuvé des bleds en Italie : (*b*) c'eſt un fait dont je fuis redevable à M. Maréchal, & ce fait prouve mieux que toutes nos expériences, combien il eſt important de deſſécher artificiellement le froment dans les pays feptentrionaux. Quoi qu'il en foit, les converfations que j'eus avec M. Maréchal me déterminerent à garnir la moitié de mon étuve avec des tablettes difpofées à l'Italienne, pendant que l'autre le feroit avec les tuyaux que j'avois imaginés : car mon bâtiment étoit fort bien diſ-

(*a*) J'ai appris qu'en Suede, lorſque les moiſſons font pluvieuſes, ce qui arrive fouvent, on deſſéche les gerbes mêmes, fans quoi on ne pourroit pas les battre pour en retirer le grain.

(*b*) Je ne fache pas que d'autre que M. Intieri fe foient aviſés de deſſécher des grains par l'étuve dans ce Royaume.

poſé pour faire à part ces deux établiſſements.

Le bâtiment de mon étuve eſt une eſpece de cabinet (*Pl. III. Fig.* 1) qui a hors d'œuvre 12 pieds en quarré & neuf pieds dans œuvre. Le haut eſt formé par une voûte de briques qui prend ſa naiſ-ſance à 12 pieds du raiz-de-chauſ-fée, & l'élévation ſous la clef eſt de 15 pieds. Au-devant de l'étu-ve, eſt une petite porte *F*, (*Fig.* 1, 2 *&* 3) fermée par des dou-bles volets, pour empêcher la chaleur de l'étuve de ſe diſſiper. Par derriere *E*, (*Fig.* 2 *&* 3) il y a à mon étuve une petite arcade de pierres de taille pour placer un poële, comme je l'expliquerai dans la ſuite. Au-deſſus de la voûte nous avons pratiqué trois ouver-tures *a*, *b*, *c*, (*Pl. IV. Fig.* 4) ſa-voir, une au milieu (*a*) pour pou-voir connoître, au moyen d'un thermometre, (13) la chaleur de l'étuve, une autre à un des côtés qui fert de paffage (*b*) pour remplir les tuyaux, & une troifieme (*c*) au côté oppofé pour charger les tablettes de l'étuve à l'Italienne; enfin au-dedans de l'étuve il y a a droite & à gauche des pieces de bois inclinées *d d* (*Fig.* 5) pour fup-porter les tablettes ou les tuyaux; & au milieu de ces banquettes, un plan incliné *e y* (*Fig.* 4) ou une conduite par laquelle le fro-ment s'écoule quand on vuide l'é-tuve. Voilà la defcription du bâti-ment; parlons maintenant des em-ménagements; je commence par ceux que M. Maréchal a rappor-tés d'Italie.

Il faut fe repréfenter un fort bâti de menuiferie formé par huit montants de chêne, dont quatre font le devant d'une efpece d'ar-moire, & les quatre autres, le derriere ; il me fuffira de décrire une de fes faces, parce que l'autre eft entiérement femblable.

Deux de ces montants font placés tout près l'un de l'autre au milieu de l'étuve ; ils font joints enfemble par des vis, & ils s'étendent de toute la hauteur de l'étuve. On voit un de ces montants *ff*, (*Fig.* 3,) & la coupe des deux *ff*, (*Fig.* 2.)

Deux autres font pofés fur les côtés auprès des murailles, & ils fe terminent à la naiffance de la voûte : on les voit en *g*, (*Fig.* 3) & le haut des deux *gg*, (*Fig.* 2.) Dans cette même figure on voit les quatre montants du fond de l'armoire *f*.

Les deux montants du milieu font joints à ceux des côtés par des traverfes *h* (*Fig.* 3) qui y font affemblées à queue d'aronde, & qui font inclinées du mur au milieu de l'étuve, faisant un angle de 45 degrés.

Comme les montants (*g*) qui se terminent à la naissance de la voûte, ne sont pas si longs que ceux (*f*) qui s'étendent jusqu'à la clef, il y a en-haut des traverses *i* (*Fig. 3*) qui partant des bouts supérieurs des montants (*g*) pour aller aboutir au haut des montants (*f*) sont inclinées dans un sens contraire des traverses précédentes dont plusieurs s'assemblent dessus, comme on le voit dans la figure 3.

On assemble aux montants (*g*) qui touchent les murailles, des planches *l*, *m* (*Fig* 2 & 3) qui sont reçues dans des rainures, de sorte que chaque montant fait un tuyau quarré *n* (*Fig.* 2 & 3.)

Les quatre montants du milieu qu'on peut considérer comme n'en faisant que deux, forment de même un tuyau *O* (*Fig.* 2 & 3) au moyen des planches *p* (*Fig. 3*) qui font reçues dans les rainures, comme celles dont on vient de parler.

Enfin on affemble à rainures de fortes tablettes de chêne (*q*) (*Fig. 3*) fur les traverfes inclinées (*h*) qui font affemblées à queue d'a-ronde dans les montants (*f* & *g.*) Il faut de plus imaginer qu'aux en-droits où aboutiffent les tablettes (*q*) fur les tuyaux verticaux, tant ceux qui font le long des mu-railles (*n*) que celui du milieu *O*, les tuyaux font ouverts dans toute la largeur du tuyau, d'une fente qui a environ deux pouces & de-mi de hauteur. Les ouvertures du tuyau du milieu font marquées par une (*r*), & celles des tuyaux du long des murs par une *s* (*Fig. 3.*)

Pour concevoir l'utilité qui ré-fulte de la difpofition de toutes ces tablettes, imaginons qu'on verfe du froment dans la trémie (*c*) (*Fig.* 3) qui est au-dessus de l'ouverture de la voûte qui répond aux tablettes.

Le froment tombe d'abord perpendiculairement dans le tuyau du milieu *O* qui se remplit entiérement, ayant versé un peu de froment dans l'angle que les tablettes font avec le tuyau à l'endroit où font les ouvertures (*r*), dont nous avons parlé.

Quand le tuyau du milieu est plein, le froment se verse sur les côtés, & il coule sur le dessus (*t t*) de l'armoire jusqu'à ce qu'il ait rencontré les ouvertures (*s*), qui répondent aux tablettes les plus élevées. Le froment passant par ces ouvertures, coule sur ces tablettes jusqu'à ce qu'il rencontre en (*r*) le grain qui est dans le tuyau du milieu ; alors, à cause que les tablettes font placées à un angle de 45 degrés, le grain s'arrange dessus à une épaisseur de trois à trois pouces & demi, & il regagne ainſi peu à peu la fente (*s*), du deſſus de l'armoire par laquelle le grain avoit paſſé. Cette fente ſe bouche, le grain coule par deſſus & va remplir les ſecondes tablettes.

Quand le grain eſt parvenu aux tuyaux (*n*), qui ſont le long des murailles, il tombe perpendiculairement dans ces tuyaux, & il remplit la tablette la plus baſſe juſqu'à l'ouverture (*s*) laquelle étant fermée par le grain, le tuyau (*n*) ſe remplit juſqu'à la ſeconde tablette, & de cette façon les cinq grandes tablettes ſe rempliſſent. Enfin le deſſus (*t t*) de l'armoire ſe chargeant auſſi de grain, l'armoire ſe trouve pleine. Ce que nous venons de dire d'un des côtés de cette étuve, a ſon application à l'autre; & la moitié de notre petite étuve, qui eſt diſpoſée, comme nous venons de l'expliquer, contient 60 pieds cubes de froment qui se range de lui-même sur des tablettes à 3 ou 4 pouces d'épaisseur.

On est obligé de donner aux tablettes une pente de 45 degrés, parce que sans cela le grain qui seroit un peu humide ne couleroit pas ; mais cette pente est un peu trop forte lorsque le grain est très-sec ; car à mesure qu'il perd de son humidité, il s'amasse dans les angles des tablettes au point de verser par-dessus & de se répandre.

On prévient cet accident en attachant des planches minces (*u*), avec un clou à chacune des traverses (*h*), qui s'assemblent à queue d'aronde dans les montants (*f,g.*) D'abord les traverses (*h*), forment des joues qui bordent les tablettes & empêchent le grain de se répandre ; de plus, on conçoit qu'en tournant plus ou moins les planches minces (*u*) sur les clous qui leur servent de tourillons, on ne laisse qu'un petit intervalle entre le bord de ces planches & les tablettes : alors le grain qui s'appuie sur ces planches (*n*), ne coule plus si abondamment au bas des tablettes, & il s'arrange à une épaisseur plus uniforme.

Il est évident que quand on ouvrira la porte à coulisse (*x*),(*Fig.* 1, 2 *&* 4 *Pl. IV.*) qui termine la gouttiere (*e*), où aboutit le tuyau du milieu, tout le grain coulera comme de l'eau par les gouttieres (*y*) (*Fig.* 1 *&* 4) puisque les tuyaux qui sont le long des murailles se déchargent sur les tablettes, & les tablettes dans le tuyau qui est au milieu.

On ne peut rien imaginer de mieux que cette disposition de tablettes, puisqu'en profitant du poids du grain, sans autre précaution que de le jeter dans une trémie, il s'arrange de lui-même à l'épaiſſeur de 3 ou 4 pouces ſur un nombre de tablettes, & cela auſſi réguliérement qu'on pourroit le faire en employant bien du temps pour lui donner cette diſpoſition avec la main. Quand on veut vuider l'étuve, il ne faut qu'ouvrir la trappe, le grain coule dans les ſacs & eſt en état d'être dépoſé dans nos greniers.

De plus, on fait tenir beaucoup de grain dans un très-petit eſpace, puiſque dans un petit bâtiment qui n'a que neuf pieds en quarré ſur quinze pieds ſous clef, on peut faire tenir 228 pieds cubes de froment.

Quoique j'euſſe lieu d'être ſatisfait de l'étuve à tuyaux que j'avois imaginée & fait conſtruire, je n'héſitai pas de faire exécuter celle dont je viens de donner la deſcription, afin qu'en faiſant uſage de l'une & de l'autre, je puſſe

mieux connoître celle qui méri-
teroit la préférence.

La difposition que nous avons donnée à l'autre partie de notre étuve, n'eft pas fi ingénieufe, mais elle a l'avantage de contenir plus de grain, d'être plus fimple, moins chere, & plus folide, & d'étuver plus uniformément toute la maffe de grain : on en jugera par la defcription que nous en allons donner.

Le bâtiment de l'étuve eft tout-à-fait femblable à celui dont nous venons de parler, excepté que les banquettes *d*, *d*, (*Pl. III. Fig.* 3) doivent être fupprimées, comme on le voit (*Pl. IV. Fig.* 5.) Les montants (*f* & *g*) & les traverfes (*h* & *i*) *Fig.* 5) font difpofés comme dans la figure 3, excepté que le bâti de menuiferie peut être moins fort , n'ayant pas befoin d'une auffi grande folidité ; mais au lieu des tablettes inclinées (*q*, *q*, *Fig.* 3) ce font des tuyaux quarrés qui font pofés verticalement. Ces tuyaux ont de dehors en dehors fept pouces d'épaiffeur & deux pieds neuf à 10 pouces de largeur. La largeur fe voit dans la *Planche IV. Fig.* 4 ; elle eft marquée 1, 1, 1 ; & l'épaiffeur dans la *Fig.* 5 , eft marquée 2, 2, 2. Les deux petits côtés ou l'épaiffeur des tuyaux, font formés par des planches, comme on le voit 1, 1, 1, (*Fig.* 5) & le grand côté des mêmes tuyaux, ou leur largeur, eft formé par un treillis de fil d'archal 2, 2, 2, 2, (*Fig.* 4.) On y voit des traverfes (3) qui font affemblées à queue d'aronde dans les planches (1, 1, 1, *Fig.* 5 ;) ces traverfes font deftinées à fortifier les treillis de fil de fer lorfque les tuyaux font remplis de grain.

Pour fe former une idée de cette étuve, il faut donc fe repréfenter neuf ou dix tuyaux quarrés, qui

qui font pofés verticalement &
parallélement les uns aux autres,
laiffant entr'eux trois ou quatre
pouces de diftance 4, 4, 4, 4, (*Fig.*) pour laiffer une iffue aux vapeurs humides qui s'échappent au
travers du treillis de fil d'archal
qui revêt les grands côtés des
tuyaux.

La courbure de la voûte & la
pente qu'on donne aux banquettes
(*d, d,*) font que les tuyaux du milieu ont plus de 11 pieds de hauteur, pendant que ceux qui touchent aux murailles n'en ont pas
huit, ce qui n'empêche pas que
nos tuyaux ne contiennent 372
pieds cubes de grain, pendant que
les tablettes de l'étuve Italienne
n'en contiennent que 228.

Maintenant il eft clair que le
grain qu'on jettera dans la trémie
(*b*) remplira le tuyau du milieu:
ce tuyau étant plein, le grain coulera fur la tablette (*t*), & trouvant

M

l'ouverture marquée (5), il remplira le fecond tuyau; & les autres le feront pareillement par les ouvertures 6, 7 & 8. Il eft encore évident que quand on ouvrira la porte à couliffe (*x*), (*Fig.* 4,) le grain coulera de lui-même dans les facs, & l'étuve fe vuidera. On voit 9, 9, 9, (*Fig.* 5) de petites planches qui font deftinées à produire le même effet que les planches *u, u,* (*Fig.* 3,) pour empêcher que le grain ne s'amaffe à une trop grande épaiffeur fur la banquette *d, d,* (*Fig.* 5.) On peut produire encore un meilleur effet en couvrant entiérement le deffus de l'étuve avec de petites voliches qu'on cloue fur les traverfes. (*i*)

D'abord nous garniffions le grand côté de nos tuyaux avec un treillis de fil d'archal, ainfi qu'il eft repréfenté 2, 2, (*Fig.* 4); mais comme ces treillis font fort chers, nous leur avons fubftitué, avec un égal succès, des claies d'ofier, qu'on fait affez ferrées pour que le froment ne puiffe paffer au travers. Mais l'ufage des claies eft fujet à un grand inconvénient : il refte toujours quelques grains de bled engagé dans les claies ; & quand on eft du temps fans fe fervir de l'étuve, les fouris déchirent les ofiers pour chercher les grains ; nous avons pour cette raifon fubftitué aux claies d'ofier des feuilles de tôle percées comme des grilles de rape.

Comme nous avons exécuté ces deux établiffements dans notre étuve, dont le côté *G*, *H*, (*Pl. III. Fig.* 2) eft garni de tablettes à l'Italienne, & le côté *I*, *K*, avec nos tuyaux, nous avons été à portée de comparer ces deux établiffements, & nous avons reconnu que les tuyaux garnis de tôle coûtent moins que les tablettes, qu'ils contiennent plus de grain, qu'ils exigent moins de réparations; parce qu'on ne peut guere trouver du bois affez fec pour que la chaleur de l'étuve ne faffe tourmenter & déjetter les tablettes : d'ailleurs le grain s'étuve mieux dans nos tuyaux, parce qu'à l'étuve à tablettes ou à l'Italienne, il y a au milieu en *A, B,* (*Fig. 6*) un gros tuyau qui eft néceffairement fait avec de fort bois & qui contient beaucoup de grain : il y en a auffi deux (*a b*) mêmes figures, qui contiennent beaucoup de grain, & nous avons reconnu que le grain contenu dans ces tuyaux ne s'étuvoit pas bien, de forte que quand on vuidoit l'étuve, le grain de ces tuyaux n'étoit que tiede, pendant que celui des tablettes étoit brûlant, & les charanfons fe retiroient dans ces tuyaux où ils ne périffoient pas. Nous avons donc enfin détruit cette étuve qui nous avoit beau-

coup coûté, & nous y en avons sub-
stitué une à tuyaux.

Un bâtiment qui n'a que 9 pieds
en quarré dans œuvre, & qui peut
étuver à la fois 2 muids & demi de
froment, ne peut jamais coûter
beaucoup à bâtir ; & il y a apparence que les munitionnaires, les éta-
piers, les gros receveurs, les marchands de grains, les Seigneurs
qui ont des revenus considérables
en grains, ne plaindront pas ce qui
leur en coûtera pour faire conftruire une étuve qui leur sera très-
utile, quand même ils ne se détermineroient pas à adopter nos
greniers de conservation ; puifqu'au moyen de cette étuve, leurs
grains feront plus aifés à conferver fuivant l'ufage ordinaire, &
qu'ils pourront rétablir des grains
qui auroient fouffert un petit degré d'altération.

Mais de petits fermiers, & des
particuliers qui n'auroient à con-

ferver qu'une petite quantité de grain pourroient trouver les étuves, dont nous venons de parler, trop difpendieufes relativement à la petite quantité de grain qu'ils auroient à conferver. Ceux-là peuvent réduire cette dépenfe prefqu'à rien; car fi nous confeillons à ceux qui auront befoin de très-grands magafins, d'établir des étuves plus grandes que les nôtres, dans lefquelles on puiffe étuver à la fois quatre ou cinq cents minots mefure de Paris, nous propofons aux particuliers de ne faire que de petites étuves qui contiendroient feulement cent minots & même cinquante. Pour cet effet, ils n'auront qu'à faire conftruire une petite étuve qui ne foit que la moitié, ou le quart de celle qui eft repréfentée *Planche III. figure* 2.

En prenant pour le quart, la partie qui eft défignée par les lettres y, L, f, N, alors ils n'auront à bâtir qu'un petit cabinet *A*, *B*, *C*, *D*, *Planche IV*. *figure* 7. qui aura dans œuvre, de *a*, en *b*, cinq pieds & demi; de *b*, en *c*, cinq pieds : *F* est la porte, *G*, la place pour visiter le grain; *I*, l'endroit pour allumer le poële; *E*, le poële; *H*, l'endroit par où se vuide l'étuve; 2, 2, &c. les tuyaux, & le reste comme il est dit dans l'explication de la grande étuve : ainsi la coupe verticale de cette petite étuve, est représentée par celle de la *Planche IV*. *figure* 5 lettres *b*, *e*, *g*. On voit dans cette *figure* 5, que la trémie *b* sera à la face *c* de la *figure* 7, & que la décharge du grain *e*, *figure* 5, ou *H*, *figure* 7, doit être à la face *b*, *figure* 7. Comme il sera suffisant pour plusieurs particuliers d'étuver à la fois cinquante minots de froment, j'espere qu'on n'hésitera pas à faire construire ces petites étuves qui ne coûteront presque rien.

J'ai encore effayé de chauffer mon étuve tantôt avec du bois & tantôt avec du charbon. Les frais font les mêmes à très-peu de chofe près, & on épargne la conftruction du poële qui ne laiffe pas d'être confidérable.

EXPLICATION DES FIGURES.

PLANCHE III.

Figure 1. Corps du bâtiment de l'étuve vu par devant.

F, Porte.

x x, Pomelles pour lever les trappes, quand on veut vuider l'étuve.

y y, Gouttieres par lefquelles le froment tombe quand on vuide l'étuve.

Fig. 2. Plan de l'étuve en vue d'oifeau : la coupe de la maçonnerie eft prife fur la ligne *A*, *B*,

de

de la *Figure* 1, & sur la ligne *C*,*D*
pour les armoires.

Le côté *G*, *H*, eſt à l'Italienne :
on y voit *f*, *f*, *g*, *g*, la coupe
des montants du bâti principal
de menuiſerie. *O* partie du tuyau
du milieu. *n*, *n*, Tuyaux qui
ſont le long des murailles ; *m*,
& *l*, marquent les planches
qui forment ces tuyaux ; *t*, *t*,
eſt la tablette du deſſus des armoires : elle s'incline vers *H* &
vers *G*, & on y voit les ouvertures *s*, *s*, *s*, *s*, par leſquelles paſſe le froment pour remplir les
tablettes d'en-haut. *x*, marque
l'endroit où s'établit la trappe à
couliſſe. *y*, Gouttiere par où
paſſe le froment.

Le côté *I*, *K*, eſt pareillement
la coupe de la *Figure* 1 , par la ligne *A*, *B*, pour la maçonnerie,
& par la ligne *C*, *D*, pour les
tuyaux. On y voit 2, 2, le haut
des tuyaux remplis de grain ; *i*,

N

l'épaisseur de la traverse supérieure; *f*, *g*, la coupe des montants qui forment le bâti; *t*, *t*, la tablette qui forme le haut de cette armoire: elle est rompue pour faire voir les tuyaux, & on ne doit pas oublier qu'elle s'incline vers *I* & *K* précisément comme celle qui est représentée en *G H*, & qu'elle a des fentes semblables à *s*, *s*, vis-à-vis chaque tuyau pour les remplir de grain.

4, 4. Sont les espaces qu'on pratique entre les tuyaux pour l'évaporation de l'humidité.

9. Est le corps du poële.

10. Le tuyau par lequel s'échappe la fumée;

11. Un tuyau qui répand de l'air chaud dans l'étuve;

12. Espace où 2 ou 3 personnes peuvent se tenir pour examiner ce qui se passe dans l'étuve.

F. Portes où il y a deux feuillures

pour recevoir deux volets.

La Figure 3. repréfente une coupe de la même étuve prife fur la ligne *E*, *F*, du plan (*Fig.* 2) pour fair voir de face la difpo-fition des tablettes à l'Italienne. On voit du côté *R* les traverfes obliques & les montants prin-cipaux; & du côté *S* on a ôté les traverfes & les montants pour faire voir les tablettes.

F. La porte.

E. Ouverture pour mettre du bois dans le poële.

d. Moitié de la banquette; l'autre étant cachée par le poële.

i. Traverfe fupérieure qui forme le deffus de l'armoire.

h, *h.* Traverfes obliques qui font affemblées à queue d'aronde dans les montants *f* & *g. Nota,* Que le montant *g*, eft feule-ment ponctué parce qu'il eft ca-ché par le tuyau du poële.

p, *p.* Planches qui forment un des

côtés du tuyau *O* du milieu de l'étuve; l'autre côté eſt caché par le montant *f*.

m, m. Planches qui forment un des côtés des tuyaux qui ſont le long des murailles.

l, l. Planches qui forment l'autre côté de ce tuyau.

n, n. Le tuyau.

s, s. Les interruptions qui ſont au côté *m* du tuyau *n*, pour laiſſer couler le froment ſur les tablettes *q, q*.

r, r. Ouvertures qui ſont aux côtés du tuyau *O*, vis-à-vis chaque tablette pour laiſſer couler le froment dans le tuyau *O*.

u, u. Petites planches minces qui ſervent à ſoutenir le froment pour empêcher qu'il ne s'accumule trop abondamment aux angles *r, r*.

9. Corps du poële.

10. Tuyau pour la décharge de la fumée.

Fig. 1.
Fig. 2.
Fig. 3.

11. Tuyau par lequel paſſe l'air chaud comme il ſera expliqué dans la ſuite.

PLANCHE IV.

Figure 4. Coupe de l'étuve par la ligne *L*, *Y*, du plan; ainſi on voit du côté *Y* la grande face d'un de nos tuyaux; & du côté *L*, un des côtés du tuyau du milieu de l'étuve Italienne.

d. Coupe de la Banquette.

p, *p*. Un des côtés du tuyau du milieu *O* (*Fig. 3.*)

r, *r*. Ouvertures par leſquelles le froment qui eſt ſur les tablettes tombe dans le tuyau.

c. Ouverture par laquelle on jette le grain. *e*, Plan incliné ou ſorte de ruiſſeau par lequel le froment coule pour ſortir par la gouttiere *y*, quand la trappe à couliſſe *x*, eſt ouverte : elle eſt repréſentée fermée d'un côté & ouverte de l'autre.

1, 1. Planches qui forment l'épaiſ-
feur des tuyaux.

2, 2. Treillis de fil de fer qui forme la grande face des mêmes
tuyaux.

3, 3. Traverſes qui ſervent à fortifier le treillis de fil de fer.

b. Ouverture où l'on met la trémie
pour charger de grain l'étuve.

9. Corps du poële.

10. Tuyau par lequel ſort la fumée.

11. Tuyau qui répand l'air chaud
dans l'étuve.

a. Ouverture par laquelle on deſ-
cend le thermometre 13, pour
connoître la température de l'é-
tuve.

14. Regiſtre qui ſert à fermer le
tuyau de la fumée lorſque le
fourneau ne contient plus que
de la braiſe, ou qu'on veut diminuer l'action du feu.

R Q *Fig.* 5, repréſente la coupe de
la même étuve ſuivant la ligne
M, N du plan, pour faire voir

de face l'établissement de nos tuyaux, comme nous avons représenté *Fig.* 3 les tablettes à l'Italienne.

d, d. Banquette qui est inclinée pour que le grain se rende au ruisseau *e,* & de-là à la gouttiere.

1, 1, 1. Petite face des tuyaux formée par des planches.

f. Montant du tuyau du milieu.

g. Montant du tuyau le plus près du mur.

h. Traverse inférieure : les pieces de ce bâti sont plus fortes que les autres.

i, i. Traverse supérieure.

Du côté *Q* on voit les planches qui forment la face étroite des tuyaux, & du côté *R* ces planches sont enlevées pour qu'on voie 2, 2, l'intérieur des tuyaux qui sont représentés remplis de froment.

4, 4. L'espace qu'on ménage en-

tre les tuyaux pour l'évaporation de l'humidité.

b. Ouverture par laquelle on jette
le froment.

t. Tablette supérieure sur laquelle
le froment coule à mesure que
les tuyaux se remplissent.

5, 6, 7, 8. Ouvertures de cette
tablette par lesquelles le froment tombe dans les tuyaux.

9, 9. Planchettes semblables à celles *u, u* (*Fig.* 3) pour empêcher
que le froment ne coule trop
abondamment sur le plan incliné (*d*) on voit de plus la coupe de toutes les traverses qui
soutiennent le treillis de fil d'archal.

La Fig. 6. est le plan perspectif
d'une armoire de l'étuve Italienne, & nous nous en servirons
pour expliquer encore comment
le froment se distribue sur les
tablettes.

1°. Le froment au sortir de la trémie entre par une ouverture de la voûte en *A*, & remplit le tuyau du milieu *A*, *B*.

2°. Quand le tuyau *A*, *B* est plein jusqu'à *A*, le froment coule sur la tablette *C*, & entrant par l'ouverture *D*, il charge la petite tablette *D*, *E*.

3°. Alors l'ouverture *D* étant comblée par le froment, celui qui vient de *A* coule sur la partie *F* de la tablette, & entrant par l'ouverture *G*, la tablette *G*, *H* se trouve chargée.

4°. L'ouverture *G* étant comblée, le froment coule sur la partie *I* de la tablette supérieure : de-là il tombe dans le tuyau qui est le long de la muraille & se rend en *L*, où trouvant une ouverture, il charge la tablette *L*, *M* : *Nota*, qu'on a rompu en quelques endroits un côté de ce tuyau pour faire voir les ouvertures par lesquelles les tablettes se chargent.

5°. La tablette L, M étant chargée, le froment remonte dans
le tuyau jusqu'à l'ouverture N,
par laquelle la tablette N, O se
charge, & de même la tablette
P, Q se charge par l'ouverture
P, la tablette R, S, par l'ouverture R, & la tablette $T V$, par
l'ouverture T. Enfin le tuyau T, L
étant plein, la tablette T, A se
charge de froment.

La Fig. 7. est le plan d'une petite
étuve qui peut contenir environ
50 minots mesure de Paris.

A, B, C, D, les quatre faces de
l'étuve qui a hors d'œuvre à
peu près 8 pieds & demi ou 9
pieds de A en B, & 7 pieds
& demi à 8 pieds de B en C.

I, Ouverture par laquelle on met
le bois dans le poële.

E, Le poële.

F, La porte qui doit être bien fermée par deux volets qui s'ou-

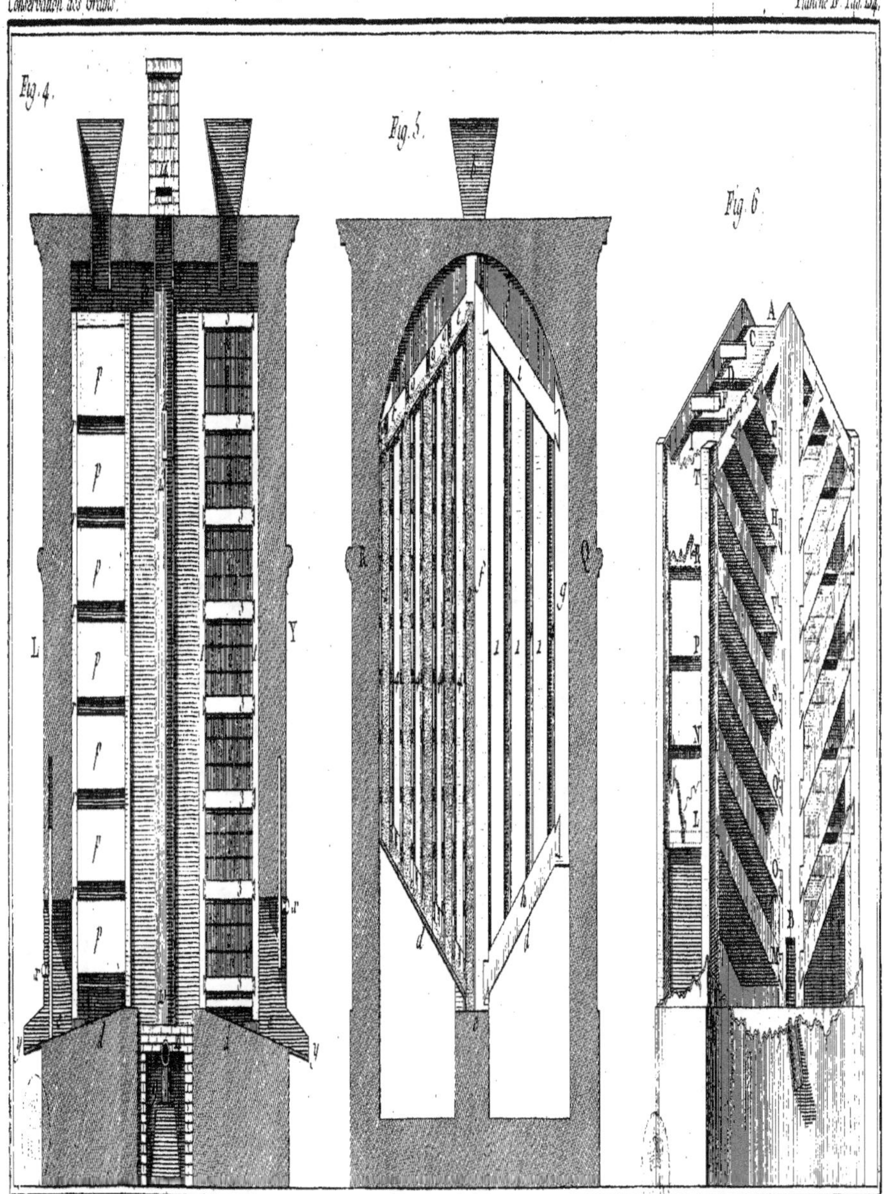

Dhouilland del. et sculp.

Fig. 7.
D
C
a
b
H
I
E
2
1
2
1
2
1
2
1
2
G
c
F
A
B

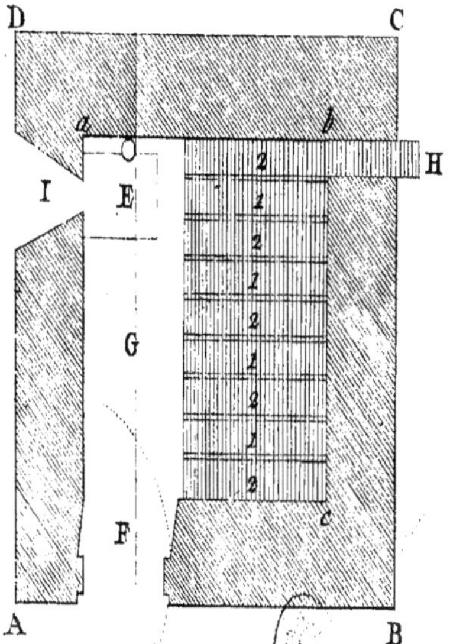

vrent fuivant les lignes courbes
ponctuées.

G, Emplacement pour pouvoir
vifiter le grain, & au-deffus duquel on peut ménager un ouverture pour defcendre le thermometre.

H, Le tuyau par lequel s'écoule
le grain étuvé.

2, 2, 2, &c. les tuyaux dans lefquels on met le grain que l'on
veut étuver.

1, 1, 1, &c. Efpace entre les
tuyaux pour faciliter l'échappe-
ment des vapeurs humides.

Maintenant que l'on conçoit la
difpofition de notre étuve, il eft à
propos de rapporter plus en détail
les expériences que nous avons
faites fur le defféchement des
grains. Elles nous mettront en
état de prouver que cette opération n'eft ni coûteufe ni fort embarraffante.

PREMIERE EXPÉRIENCE.

Pour reconnoître combien le froment diminue en volume & en poids lorsqu'on le desseche dans l'étuve.

Nous nous sommes servis pour mesurer notre froment d'un tuyau quarré, qui avoit en dedans deux pouces de face, sur 75 de hauteur : ainsi cette mesure contenoit 300 pouces cubes de froment. Nous avions adopté cette mesure pour que la diminution du volume fût plus sensible qu'elle ne l'auroit été dans les mesures ordinaires qui ont de grands diametres, relativement à leur hauteur.

On mesura dans le tuyau 300 pouces cubes de froment de la derniere récolte, après les avoir pesés exactement, & l'on mit cette quantité de grain dans deux tamis de crin, à trois pouces d'épaisseur ; enfin on plaça les tamis au milieu de la hauteur de l'étuve avec un thermometre tout auprès.

On alluma le feu à onze heures : à deux heures le thermometre étoit monté à 30 degrés, à quatre heures à 55, & à six heures à 60.

Le soir le froment qui étoit dans les tamis ne paroissoit pas encore sec : on le laissa dans l'étuve. Le lendemain matin le thermometre étoit retombé à 25 degrés, & le froment n'étant pas encore cassant sous la dent, on le retira de l'étuve pour le peser & le mesurer.

Les 300 pouces cubes contenus dans le tamis n°. 1. qui avoit pesé, avant que d'être mis dans l'étuve, 9 livres 9 onces 2 gros, pesoient, au sortir de l'étuve, 9 livres 5 onces 4 gros : ainsi la diminution avoit été de 3 onces 6 gros. Ayant remis ce froment dans le tuyau qui servoit de mesure, il s'en falloit un pouce une ligne qu'il ne fût plein ; ce qui fait quatre pouces cubes & un tiers de diminution fur le volume.

Le froment contenu dans le tamis numéro 2. pefoit, au fortir du grenier, 9 livres 8 onces 3 gros & demi, & au fortir de l'étuve, 9 livres 3 onces 4 gros : ainfi ces 300 pouces cubes de froment avoient diminué de 4 onces 7 gros & demi ; l'ayant verfé dans le tuyau pour le mefurer il s'en falloit 2 pouces une ligne que la mefure ne fût pleine ce qui fait huit pouces & un tiers cubes de diminution, & le froment de ce tamis étoit plus caffant fous la dent que l'autre.

On fera fans doute furpris qu'une auffi grande chaleur n'ait pas defféché parfaitement ce froment, mais l'étuve étoit chauffée pour la premiere fois, & il fortoit des murs une prodigieufe quantité de vapeurs humides.

SECONDE EXPÉRIENCE,

Pour reconnoître la diminution, tant en volume qu'en poids, du froment passé à l'étuve.

Tout étant disposé comme il a été dit à l'occasion de l'expérience précédente, on alluma le poële à huit heures du matin. La liqueur du thermometre étant montée à 30 degrés, on entretint la chaleur à ce point jusqu'à midi, qu'on augmenta le feu pour faire monter le thermometre à 40, 50, 60 degrés, ce qui dura jusqu'à six heures du soir. Le poële devint tout rouge. A huit heures le thermometre ne marquoit plus que 50 degrés, & le froment étoit fort sec & cassant sous la dent : il resta dans l'étuve toute la nuit & le lendemain. Alors le thermometre marquant 25 degrés, le froment du tamis, n°. 1, qui pesoit, au sortir du grenier, 9 livres 7 onces 4 gros, ne pesoit plus que 8 livres 13 onces 2 gros, ainsi il avoit diminué de 10 onces 2 gros.

On le mit dans le tuyau, & il s'en falloit 6 pouces qu'il ne fût plein ; ainsi le volume de ce froment étoit diminué de 24 pouces cubes.

Suivant cette expérience, la diminution en poids est d'environ un quinzieme, & en volume d'un douzieme ; mais il ne faut pas croire que dans les grandes étuves la diminution soit proportionnelle : heureusement il n'est pas nécessaire que le grain soit aussi desséché que celui de l'expérience qu'on vient de rapporter ; car une petite masse de grains placée à l'endroit de l'étuve où la chaleur est la plus grande, se desseche plus qu'une grosse masse répandue dans toute l'étendue de l'étuve.

TROISIEME

TROISIEME EXPÉRIENCE,

Faite dans la même vue que les précédentes.

L'étuve étant encore assez chaude pour que le thermometre fût à 17 degrés, on alluma le feu sur les neuf heures du matin. Au bout d'une heure, le thermometre marquant 30 degrés, on se contenta d'entretenir la chaleur à ce degré jusqu'à neuf heures du soir qu'on cessa le feu ; & le lendemain à neuf heures, le thermometre marquant 17 degrés, on tira les tamis pour peser & mesurer le froment qu'ils contenoient.

Le froment du tamis n°. 1, qui pesoit, au sortir du grenier, 9 livres 11 onces, ne pesoit plus que 9 livres 6 onces ; ainsi il étoit diminué de 5 onces. Ayant mis ce froment dans le tuyau, il s'en falloit trois pouces un quart qu'il ne

O

fût plein ; ainſi le volume de ce froment étoit diminué de 13 pouces cubes.

Ce froment paroiſſoit fort ſec à la main, mais il n'étoit pas auſſi caſſant ſous la dent que celui de l'expérience précédente.

EXPÉRIENCES faites plus en grand, avec du froment de la récolte de 1750.

Les expériences ſuivantes ont été faites avec du froment de la récolte de 1750, & dans un des tuyaux de notre étuve qui contenoit 12 pieds cubes de froment. Il faut ſe rappeller que les grains de cette récolte étoient très-humides ; ils ne pouvoient s'écraſer ſous la meule, & quelque ſoin qu'on eût de les remuer dans les greniers , ils contractoient une mauvaiſe odeur.

Peu après la récolte de 1750 , le froment, qui alors étoit fort humide, ayant resté 48 heures dans l'étuve qui étoit échauffée à 50 degrés, perdit un douzieme de son poids.

Dans le mois de Septembre 1751, le même froment qui avoit été conservé dans les greniers ordinaires, remué fréquemment & criblé plusieurs fois pendant cette année, ayant été mis dans l'étuve échauffée à 50 degrés, ne perdit en 12 heures de temps qu'un cent soixante-troisieme de son poids ; mais l'ayant laissé dans l'étuve jusqu'à ce qu'elle fût refroidie, il se trouva avoir perdu un cinquantieme de son poids & un trente-deuxieme de son volume.

Cette expérience fait voir, ainsi que plusieurs de celles que j'ai rapportées, 1°. Que pour procurer au froment un parfait desséchement, il n'est pas tant question d'augmenter la violence du feu, que de le laisser long-temps dans

l'étuve ; 2°. Que le froment qui
a paffé une année dans les greniers ordinaires, a perdu beaucoup de l'humidité qu'il avoit après
la moiffon, lorfqu'on a l'attention
de le remuer & de le cribler fréquemment.

REMARQUE.

Le froment fe vend à la mefure ; & dans les expériences que
nous venons de rapporter, il perd
plus ou moins de fon volume,
fuivant qu'il eft plus ou moins
chargé d'humidité. C'eft un déchet
qui tourne au défavantage du vendeur, on n'en peut pas difconve-
nir ; mais cette perte n'eft pas réelle, puifque la partie farineufe refte, & que la farine d'un froment
bien fec fournit plus de pain que
celle du même froment non defféché : nous avons même reconnu par notre expérience, que les
boulangers achetent ces froments

desséchés plus cher que les autres : or pour peu que le prix de
ce froment augmente, le vendeur
fera bien dédommagé du déchet
qu'il aura souffert.

Puisque le déchet d'un froment
de bonne qualité est évalué à un
trente-deuxieme de son volume :
le prix de ce froment étant à 15
livres le sac, le trente-deuxieme
de 15 livres ne fait pas une augmentation de 10 sols par sac ; mais
il y a des cas où le bénéfice sera
bien considérable pour le vendeur.
Par exemple, les froments de la
récolte de 1745 qui étoient fort
humides ne se vendoient que 7
liv. ou 7 liv. 10 sols le sac, pendant que ceux de la récolte précédente se vendoient treize à
quatorze livres. La cause de cette différence de prix venoit de
ce que ceux-ci rendoient plus de
pain ; car les grains humides se
comprimant sous la meule au lieu

de fe rompre, la farine reftoit adhérente au fon, & le peu de fleur qui paffoit par le bluteau ne buvoit prefque point d'eau lorfqu'on la réduifoit en pâte.

Si l'on avoit defféché les froments de 1745 dans une étuve, leur volume auroit probablement diminué d'un quinzieme ; mais leur qualité & leur prix auroit augmenté de plus d'un tiers ; car affurément ce froment fe feroit vendu au moins 12 livres.

Au refte notre intention n'eft pas qu'on étuve les froments quand ils font chers & de bonne qualité ; mais s'ils font humides, on voit qu'il y a un profit confidérable à les faire paffer par l'étuve ; & fi le froment eft à vil prix, la diminution du volume ne mérite aucune attention : en effet fi l'on fuppofe que le prix du froment eft de 10 livres le fac, la diminution d'un trentieme n'eft que de 6 à 7 fols,

& le profit fera d'un tiers, quand il vaudra 15 livres ; & d'une moitié, quand fon prix fera monté à 20 livres.

Après avoir difcuté une objection qui m'a été faite par plufieurs perfonnes, je vais examiner fi la chaleur de l'étuve peut détruire les Charanfons.

EXPÉRIENCE pour reconnoître à quel degré de chaleur les Charanfons périffent dans l'étuve.

On a mis dans de petits vafes couverts avec de la gaze, des charanfons dans l'intérieur de l'étuve tout auprès du thermometre, & on a obfervé qu'ils ne périffoient que lorfque la liqueur du thermometre montoit entre 55 & 60 degrés ; & des œufs ont durci à cette chaleur. Mais quand on a tiré de l'étuve le froment qui avoit éprouvé cette chaleur, on y a trouvé quelques charanfons qui étoient en vie : fans doute qu'ils s'étoient conservés au bas de l'étuve dans des endroits où la chaleur étoit moindre qu'à la hauteur où étoit placé le thermometre, ce qui m'a engagé à raccourcir les tuyaux, afin que la partie où est le grain étant au haut de l'étuve, fût à un endroit où elle est plus échauffée : de plus, comme on le verra dans la suite, il est bon, pour ne rien risquer, de porter la chaleur de l'étuve à plus de 80 degrés.

EXPÉRIENCE pour connoître à quel degré de chaleur le froment nouveau perd la propriété de germer.

La germination des grains est probablement excitée par une fermentation intérieure ; & comme la fermentation poussée à un certain point est aussi une cause très-prochaine de l'altération qu'on craint & dont on veut se garantir, on est porté à conclure que l'étuve feroit

feroit un moyen bien avantageux
de conferver les froments, fi elle
détruifoit en eux la propriété de
germer. Cette conféquence peut
même être appuyée de quelques
expériences; car le froment de trois
ans qui a prefque perdu la propriété de germer, eft, comme nous l'a-
vons dit, beaucoup plus aifé à conferver que le bled nouveau. Quoi
qu'il en foit de ces réflexions,
elles m'ont engagé à examiner à
quel degré de chaleur le froment
n'eft plus en état de germer.

Du froment vieux qui avoit
éprouvé 45 à 50 degrés de chaleur, n'a point germé ; mais comme il s'agiffoit principalement de
connoître ce qui arriveroit au nouveau, j'ai fait les expériences que
je vais rapporter.

AUTRES EXPÉRIENCES.

Nous avons femé le 28 Mars,
16 grains de froment de la dernie-

re récolte, du même qui devoit servir pour les expériences que nous allons rapporter.

Le premier Juin, il n'y avoit que 7 de ces grains non étuvés, de levés ; ce qui prouve que presque la moitié de ce froment n'étoit point propre à germer.

On mit de ce même froment sur des assiettes qu'on plaça environ à la moitié de la hauteur de l'étuve, & le thermometre étant suspendu à cette même hauteur, on échauffa l'étuve jusqu'à 40 degrés. On sema le 2 Avril seize de ces grains, & le 10 Juin il s'en trouva neuf de levés ; ce qui prouve que ce degré de chaleur n'endommage point les germes, & cela doit être, puisque dans les années chaudes, les grains qu'on moissonne éprouvent dans les champs une chaleur de près de 60 degrés ; & cependant ils sont en état de germer.

Le même froment ayant resté 48 heures de plus dans l'étuve, on en sema 16 grains le 4 Avril; & le 10 Juin on en trouva 5 de levés : comme des 16 grains de ce même froment non étuvé, il n'en avoit levé que 7, on peut conclure que le froment de l'épreuve dont il s'agit, n'avoit pas souffert une grande altération pour avoir été tenu trois fois 24 heures dans l'étuve échauffée à 40 degrés.

Le même froment ayant été remis à l'étuve, on augmenta la chaleur jusqu'à 55 degrés ; alors on en tira un peu pour en semer 16 grains : le 10 Juin on en trouva 4 de levés.

Le même froment étant resté dans l'étuve trois fois 24 heures, on en sema le 7 Avril 16 grains ; & le 10 Juin on en trouva 3 de levés.

Enfin comme pendant toutes

ces expériences, il y avoit du froment dans les tuyaux de l'étuve, on en prit au hafard 16 grains, qu'on fema le 7 Avril; & le 10 Juin il y en avoit 5 de levés.

On voit par toutes ces expériences, qu'un degré de chaleur qui a fuffi pour faire durcir des œufs, n'a point détruit tous les germes du froment; mais il retarde beaucoup la germination, puifque plufieurs grains n'ont levé qu'après avoir refté 6 femaines en terre.

REMARQUE.

On voit par ce qui a été dit dans ce chapitre, qu'il eft très-avantageux de bien deffécher les grains qu'on fe propofe de confer-ver long-temps. Il eft vrai que la chaleur de notre étuve eft rarement affez forte pour faire périr tous les charanfons; mais elle l'eft toujours affez pour exterminer les tignes (*a*). Il eft vrai encore qu'elle ne détruit pas abfolument tout principe de fermentation, puifqu'il y a eu des grains qui ont germé; mais outre que la faculté de germer eft détruite dans un grand nombre, elle eft fort ralentie dans tous, puifqu'ils font fix femaines à fortir de terre; ce qui ne permet pas de douter que la difpofition à fermenter ne foit très-affoiblie : un des avantages de notre étuve, qu'on doit regarder comme très-important, eft de diffiper la mauvaife odeur que le froment a contractée.

Si l'on fe rappelle ce que nous avons dit dans la defcription de notre étuve, on conviendra que le fervice en eft aifé, puifqu'il ne s'agit, pour la charger, que de

---

(*a*) Depuis que j'ai fait à mon étuve les changements que j'ai marqués, on trouve tous les charanfons defféchés.

jeter le froment à la pêle dans une trémie, & pour la vuider que de tendre des facs fous une trappe qu'on ouvre, de forte qu'avec notre petite étuve, nous pouvons deffécher plus de 350 pieds cubes de froment en 36 heures. Il ne refte plus qu'à favoir fi la confommation du bois eft confidérable. Je me contenterai d'affurer que par les épreuves que j'en ai faites au château de Denainvilliers, où la corde de bois coûte rendue 18 livres; je n'ai employé que pour 30 fols de bois pour chaque étuvée; & j'ai échauffé la même étuve avec du charbon, prefque pour le même prix : ainfi il eft très-bien prouvé que l'opération d'étuver les froments eft très-bonne fans être ni coûteufe ni fatigante.

CHAPITRE V.

Description du poële que nous employons pour chauffer l'é-tuve, avec l'explication de son usage.

SUivant M. Maréchal, les Italiens chauffent leurs étuves avec un poële de tôle à roulettes (*Planche V. Fig.* 1 ,) qui n'a point de couvercle, & dans lequel ils mettent de la braife de boulanger bien allumée.

Pour éviter les étincelles qui pourroient mettre le feu aux planches qui font néceffairement fort feches, nous avons cru qu'il feroit mieux de couvrir ce poële avec une efpece de dôme percé de trous comme *A A* fur lequel feroit un petit couvercle *B* qu'on

P iiij

ôteroit quand on voudroit augmenter l'ardeur du feu.

J'avoue que je n'ai point chauffé notre étuve avec de la braiſe de boulanger, & que j'ai préféré du charbon vif, non-ſeulement parce qu'il donne beaucoup plus de chaleur que la braiſe, mais encore parce que le phlogiſtique ou les vapeurs du charbon qui ſuffoqueroient les inſectes ne peuvent qu'être avantageuſes au grain en faiſant un obſtacle à ſa fermentation.

Malgré la plus grande ardeur du charbon vif, nous avons reconnu que la quantité de charbon que nous employions pour chauffer l'étuve à un certain degré ſurpaſſoit un peu le prix du bois que nous brûlions dans notre poële pour faire monter le thermometre au même degré. Cette économie qui n'eſt point à négliger dans de pareilles circonſtances, nous a dé-

terminés à faire conftruire un poê-
le propre à économifer le bois :
nous allons le décrire.

Nous avons dit dans l'article
précédent qu'il y avoit derriere
l'étuve une arcade de pierre de
taille fous laquelle étoit placée la
bouche du poële : cette arcade
vue de face eft repréfentée (*Fig.* 2,)
par les lettres *A*, & les mêmes
lettres (*Fig.* 3,) en repréfentent
la coupe & l'enfoncement.

On voit (*Fig.* 2 & 3 ,) la porte
B par laquelle on jette le bois
dans le poële : elle eft fermée par
une plaque de fer battu (*a*) , comme la bouche d'un four de boulanger.

C repréfente dans ces mêmes
figures une autre ouverture ; elle
répond fous une forte plaque de
fer fondu *D D* qui forme le foyer
du poële. Cette ouverture *C* qui
dans la figure 2 , eft repréfentée
fermée par une plaque de forte

tôle, se voit à demi-ouverte dans la figure 3.

La plaque de fer fondu *D D* est reçue dans de bonnes feuillures, & soutenue de distance en distance par de petits piliers de briques, pour que le bois *E* qu'on jette dessus ne la fasse pas rompre.

Au bout de la plaque *D* & au fond du fourneau est placé un petit poële de fer fondu *F*. La porte de côté de ce petit poële est exactement fermée par une plaque de fer forgé qui est attachée avec des clous rivés sur le poële; mais l'ouverture du dessous *G* est ouverte & communique avec la bouche *C* (*Fig.* 2 *&* 3 ,) par la cavité *D D*, *H H* qui est sous la plaque : au reste le bas de ce petit poële *F* (*Fig.* 3 ,) est exactement scellé avec des briques & de la terre à four.

Le tuyau *I* qui étoit destiné dans sa construction, à la décharge de la fumée de ce petit poële, eſt alongé par un tuyau de fer fondu *L*, dont l'ouverture *M* répond dans l'étuve : ces deux tuyaux ſont ſcellés dans un doſſeret de briques *N* qui ſert auſſi à fortifier le fond du grand poële.

On remplit de briques mal arrangées la cavité *F* du petit poële, & on le couvre de ſon dôme *O* qu'on lute exactement avec la partie *F* : on appercevra dans peu la grande utilité de ce petit poële qui, comme on voit, n'a aucune communication avec le feu du grand poële.

Le corps du grand poële eſt formé par deux murs de briques *P P* ſur leſquels eſt établie une voûte *Q* (*Fig.* 4.)

La coupe de cette voûte eſt repréſentée *Q* (*Fig.* 3,) & on voit qu'elle ne s'étend pas juſqu'au fond *N* du poële, mais qu'elle ſe termine à peu près à l'aplomb du

petit poële *F O* : j'appelle la cavité *E* couverte par la voûte *Q*, la
chambre inférieure du poële, nous
allons parler de la supérieure.

On continue d'élever les jam-
bages *P P* jusqu'en *R* (*Fig.* 4,) &
à cette hauteur on place dans des
feuillures une forte plaque de fer
S sur laquelle on éleve les banquettes de briques *T*, & on met sur
cette plaque *S* du sable *V* à l'é-
paisseur d'environ 3 pouces. *X*
(*fig.* 3) est le tuyau pour la décharge de la fumée : il est fait jusqu'à la
naissance de la voûte avec des
tuyaux de fer fondu qui ont 6 pouces de diametre ; le reste jusqu'au-
dessus du toit est en briques, &
c'est à cette partie qu'on a pratiqué
le regiltre représenté à la figure 4,
du chapitre précédent.

La porte *B* du poële est au-de-
hors de l'étuve ; mais en-dedans
d'un bâtiment, ce qui est commode pour celui qui conduit l'é-

tuve & en même temps avan ta
geux pour diminuer un peu le courant d'air qui entre par la porte *B* :
car lorſque l'air de dehors eſt très-
froid il traverſe ſi rapidement le
poële que la plus grande partie de
la chaleur paſſe par le tuyau ſans
échauffer ni le poële ni l'étuve,
quoique le bois brûle très-vîte : il
faut donc que la porte *B* ferme très-
exactement, & y ménager de petites portes (*a*) pour ne laiſſer entrer que la quantité d'air néceſſaire pour faire brûler le bois.

On met le bois dans la cham-
bre inférieure *E* ſur la plaque *D D*
& il brûle ſous la voûte *Q*, de
ſorte que la fumée, l'air chaud & la
flamme ſont forcés d'aller de *E*
en *Y* & de *Y* en *Z* avant que de
ſortir par *X* : au moyen de ces zig-
zags le poële eſt bien mieux échauffé que ſi l'air chaud pouvoit paſſer
tout de ſuite de *E* en *Z* pour ſortir
par *X*. La maſſe de briques dont le

poële eſt rempli étant bien échauffée, elle conſerve pendant longtemps une grande chaleur, qui entretient celle de l'étuve, ce qui n'eſt pas un petit avantage.

La plaque ſupérieure SS eſt ſurtout très-échauffée; c'eſt pour cette raiſon qu'on la couvre de ſable V pour empêcher que les grains de froment qui tomberoient deſſus ne ſe brûlent : d'ailleurs ce ſable échauffé contribue encore à entretenir la chaleur dans l'étuve quand le feu eſt éteint.

Par la diſpoſition du grand poële, il eſt évident que le petit poële FO éprouve une terrible chaleur, il eſt bientôt rouge, de même que les briques qu'il contient : ainſi l'air qui entre par C étant échauffé & très-raréfié dans la cavité DD, HH, & encore plus dans le poële FO, il doit ſortir brûlant par l'ouverture M qui répond dans l'étuve : on conçoit que ce courant d'air chaud doit beaucoup échauffer l'étuve, & contribuer à emporter les vapeurs qui s'échappent du froment, sur-tout lorsqu'on ouvre les ouvertures *a b c*, chapitre précédent, qui sont au haut de la voûte de l'étuve. Ce poële produisoit beaucoup de chaleur; cependant j'en ai changé la construction avec avantage, comme on le verra dans les Additions à ce Traité.

REMARQUES *pour faciliter le service de l'étuve.*

Par ce qui a été dit ci-dessus, il est clair que pour emplir l'étuve il ne faut que jeter le froment à la pêle dans les trémies qui sont dans le grenier du dessus de l'étuve; on a bientôt satisfait à cette premiere opération qui ne demande aucune précaution.

Toutes les portes & les ouvertures de la voûte du grenier étant fermées, on allume le poële, &

dans nos épreuves, nous avons confommé en cinq heures de temps pour 30 ou 40 fols de bois, ce qui a fuffi pour étuver deux muids & demi de froment. De temps en temps on ouvre la petite trappe *a* du milieu de la voûte, & on tire le thermometre pour connoître la chaleur de l'intérieur de l'étuve : mais il faut avoir la précaution de mettre au-deffus du tuyau qui décharge l'air chaud, une plaque de tôle pour détourner le courant d'air, & empêcher qu'il ne fe porte tout de fuite fur le thermometre ; car outre que fans cette précaution on jugeroit mal de la chaleur de l'étuve, cette grande chaleur m'a fait rompre plufieurs thermometres à l'efprit de vin.

Il eft encore à propos d'être prévenu qu'il faut que le thermometre defcende jufqu'au milieu de de la hauteur de l'étuve ; car comme l'air chaud eft plus léger que celui

celui qui l'est moins, la chaleur est toujours plus grande au haut de l'étuve qu'au bas.

Lorsque le thermometre est monté à 50 ou 60 degrés, on peut cesser de mettre du bois dans le poële ; & sitôt que celui qu'on y a mis est réduit en braise, il faut fermer exactement les portes du poële & le regiftre qui est au tuyau de la cheminée, 14 (*Fig.* 4) du chapitre précédent.

Si l'on a allumé le feu à six heures du matin, on peut ordinairement fermer les portes *B C* & le regiftre à midi. On laisse tout fermé jusqu'au lendemain six heures du matin, alors on ouvre les trois trappes de la voûte *a b c* & l'ouverture *C* qui est au-dessous de la porte du poële pour laisser sortir les vapeurs humides : enfin on peut le soir ou le lendemain matin vuider l'étuve pour la remplir sur le champ de nouveau froment, afin

Q

de profiter de la chaleur des murailles & des tablettes qui eſt encore conſidérable.

Le froment qui ſort de l'étuve ne doit pas être mis ſur le champ dans nos greniers, il faut le laiſſer ſe refroidir dans le grenier de dépôt; mais auſſi-tôt qu'il eſt froid, il faut le paſſer par le crible à vent pour ôter la pouſſiere que l'humidité rendoit adhérente au froment: après ce nettoiement on peut le dépoſer dans nos greniers de conſervation; alors on eſt déchargé de preſque tous ſoins, & le grain eſt entiérement à couvert de toute ſorte de déchet, dût-il être conſervé pendant dix ans.

Nous avons dit que quand l'étuve étoit échauffée à 60 ou 80 degrés, le froment acquéroit un degré de ſéchereſſe ſuffiſant en le tenant 36 ou 48 heures au plus dans l'étuve: mais cette regle varie ſuivant que le froment eſt plus ou moins humide; ainſi il eſt bon d'être prévenu que l'on peut re- connoître ſi le froment eſt ſuffi- ſamment ſec en le caſſant ſous la dent; car ſi étant froid il rompt comme un grain de riz, ſans que la dent y faſſe d'impreſſion, il eſt aſſec ſec. Je dis quand il eſt froid, parce qu'il continue à perdre de ſon poids en ſe refroidiſſant dans le grenier de dépôt : mais ſitôt qu'il eſt refroidi, il faut le renfermer dans nos greniers, pour qu'il ne reprenne pas de l'humidité de l'air, pour qu'il ne ſe charge pas de pouſ- ſiere, & pour le mettre, le plu- tôt qu'il eſt poſſible, hors de l'at- teinte des animaux qui cherchent à s'en nourrir.

Nous avons prouvé dans le chapitre précédent, que cette opération n'eſt pas coûteuſe, puiſ- qu'avec 30 ou 40 ſols de bois on peut étuver deux muids & de- mi de froment dans une fort petite

étuve ; elle n'eſt point embarraſſante, puiſqu'il ne s'agit que de
jeter à la pêle le froment dans les
trémies pour charger l'étuve, &
qu'elle ſe vuide d'elle-même dans
les ſacs. Enfin elle eſt expéditive,
puiſqu'en augmentant un peu l'é-
lévation de notre petite étuve,
on pourroit, en 48 heures, deſſécher 3 muids & plus de froment.
C'eſt ce que nous nous étions pro-
poſés de prouver ; mais avant que
de terminer cet article, il eſt bon
de remarquer qu'un fermier qui
n'auroit à conſerver que 1000 ou
1200 pieds cubes de froment, ne
ſeroit pas obligé de conſtruire l'é-
tuve que nous venons de décrire ;
il pourroit, avec des claies, en
faire à peu de frais une petite,
qui, quand elle n'auroit que 5 à 6
pieds en quarré, ſuffiroit pour
deſſécher ſes froments & même
ceux de ſes voiſins ; de plus, s'il
vouloit épargner la conſtruction

de notre poële, le grand fourneau de tôle (*Fig.* 1.) suffiroit pour échauffer avec du charbon cette petite étuve.

On pourra encore augmenter l'effet du poële en employant des tuyaux de tôle exactement fermés, qui communiquent par un de leurs bouts, qui doit être ouvert, avec la chambre inférieure du poële : Voyez *la Planche V. figure* 4, & ce que nous difons à ce fujet à la fin de ce Chapitre.

Pour les petites étuves, (*Fig.* 7, addition aux *Planches III. & IV.*) on pourra fe contenter de les chauffer avec un poële de fonte ordinaire, dans lequel il faudra mettre le bois par le dehors ; ou bien, faire avec des briques ou tuiles rompues, &c. un poële fim-ple, dont on peut fe former une idée par la chambre inférieure de notre poële ; elle eft repréfentée, *Planche V. figure* 4, par les lettres

D, D, Q. Ce sera une espece de four, auquel on ajustera un tuyau pour la décharge de la fumée. Enfin on pourra chauffer ces petites étuves avec un poële de terre cuite, ou même avec de la braise qu'on mettra dans le fourneau de la *Planche V. figure* 1. Mais dans tous ces cas, il faut prendre des précautions contre les accidents du feu, car les planches & les claies seront très-seches & par conséquent faciles à s'enflammer. Au reste il n'y aura rien à craindre du feu, si l'on voûte le corps de cette étuve; car quand le feu y prendroit, il ne pourroit pas produire de flamme faute d'air.

REMARQUE.

Quand le grain sort de l'étuve, il est toujours très-humide : bientôt à mesure qu'il se refroidit, il se desseche & perd de son poids, ce qui prouve que l'humidité continue à se dissiper à mesure qu'il se refroidit. Mais il est bon de faire attention que si l'on étuve les grains l'hiver, les vapeurs humides se condensent & restent dans le grain ; si l'on étuve pendant les chaleurs, ces vapeurs se dissipent en plus grande quantité : mais dans cette saison, les insectes sont en action, & peuvent rentrer dans le grain étuvé : la vraie saison d'étuver est donc l'hiver quand les insectes sont engourdis ; & pour faciliter l'entiere évaporation de l'humidité réduite en vapeurs, je mets sur une petite étuve qui est foiblement échauffée par dessous, celle que j'ai fait construire pour les fermiers & qui est décrite dans les Additions à ce Traité.

EXPLICATION DES FIGURES.

Figure 1. Le petit poële de tôle dont se servent les Italiens.

A A, Grand couvercle pour arrêter les étincelles. *B B*, Petit couvercle qu'on ôte pour augmenter l'action du feu.

Figure 2. Notre poële vu de face. *A A*, Arcade de pierres de taille au fond de laquelle sont les ouvertures du poële. *B*, Ouverture du poële par laquelle on met le bois. *a*, Petite porte pour donner plus ou moins d'air, suivant qu'on veut que le bois brûle plus ou moins vîte. *C*, Ouverture par laquelle entre l'air qui doit s'échauffer dans le petit poële.

Figure 3. Coupe longitudinale du poële. *A*, le revêtement de pierres de taille coté *A* dans la *figure* 2. *B*, la porte du poële coté de la même lettre dans la *figure* 2. *Q*, coupe de la voûte qui sépare la chambre inférieure du poële, de la supérieure. *E*, chambre inférieure ou foyer où l'on l'on met le bois. *E, Y, Z, X,* route que la fumée & l'air chaud ſuivent pour ſortir du poële. *S S,* forte plaque de fer fondu qui ferme le deſſus du poële. *N, N,* derriere du poële. *T, T,* bordure de briques qui ſert à bien ſceller la plaque *S,* pour que la fumée ne paſſe pas par les jointures. *V,* couche de ſable qu'on met ſur la plaque *S.* *D, D,* forte plaque de fer fondu qui forme le foyer du poële: elle eſt ſoutenu par de petits piliers de briques qui ne ſont point marqués dans la figure. *C,* ouverture par laquelle entre l'air du dehors. *D D, H H,* cavité ſous le foyer par laquelle paſſe cet air pour entrer dans le petit poële de fer fondu *F* par l'ouverture *G. O,* dôme ou couvercle de ce petit poële. *I L, M,* tuyau par lequel l'air chaud ſort dans l'étuve.

R

Figure 4. Coupe tranſverſale de l'étuve. *D D, H H*, cavité ſous le foyer par laquelle paſſe l'air du dehors qui doit s'échauffer dans cette cavité & dans le petit poële de fer fondu. *D D*, plaque de fer fondu qui forme le foyer. *P P*, montants de briques qui forment les côtés du poële. *Q*, la voûte qui forme la chambre inférieure & la chambre ſupérieure du poële. *E*, le foyer. *S S*, plaque de fer fondu qui forme le deſſus de la chambre ſupérieure de l'étuve. *R R, T T*, feuillures & petits montants de briques qui ſervent au ſcellement de cette plaque. *V*, ſable qui recouvre cette plaque. Le tuyau *b c d* qu'on voit ponctué, eſt un tuyau de tôle exactement fermé partout, excepté à ſon extrémité *b* qui répond au foyer du poële : le bout *d* doit être fermé aſſez

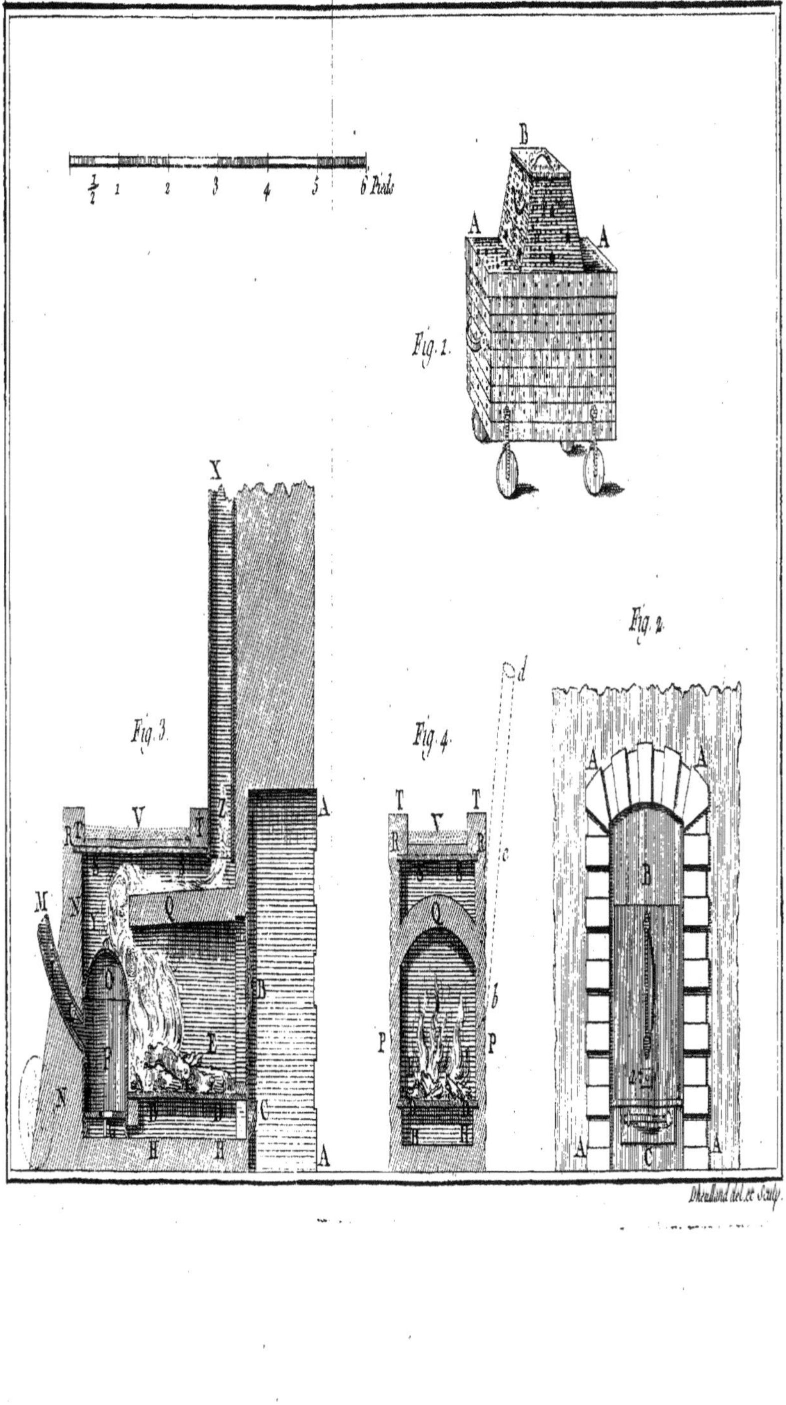

6 Piés
Fig. 1.
Fig. 2.
Fig. 3.
Fig. 4.
Dheulland del. et Sculp.

exactement pour que la fumée du poële n'y puisse passer : l'air contenu dans ce tuyau s'échauffe & répand de la chaleur autour de lui ; ainsi de pareils tuyaux peuvent servir non seulement à échauffer la masse d'air de l'étuve, mais on peut encore les conduire aux endroits qu'on veut plus échauffer que les autres. Car quoique ces tuyaux ne communiquent qu'une chaleur douce, ils ne laissent pas de produire un bon effet, sur - tout quand ils sont d'un grand diametre ; & pour qu'ils soient moins embarrassants, on peut les faire quarrés & plats.

On voit dans la troisieme planche le plan de ce poële, (*Fig.* 2.) 9. Le corps du poële. 10. Le tuyau pour la décharge de la fumée. 11. Le tuyau par lequel sort l'air chaud. (*Fig.* 3.) La coupe longitudinale de ce poële. Dans la figu-

R ij

re 4, *de la Planche IV*. Le derriere du poële ; & 14 la soupape qui ferme le tuyau.

Nous nous sommes assez étendus sur tous ces articles pour pouvoir nous persuader que nous avons satisfait à tout ce qu'on pourroit desirer sur le nettoiement & le desséchement des grains. Nous allons maintenant parler des Greniers de Conservation.

CHAPITRE IV.

Des Greniers de Conserva-tion.

QUand les froments ont été parfaitement nettoyés par les différents cribles dont nous avons parlé, & qu'ils ont été bien desséchés dans l'étuve dont nous avons donné la description, il faut les renfermer promptement dans

les greniers de conservation. Mais
ces greniers doivent être différemment conſtruits ſuivant la quantité
de froment que l'on ſe propoſe de
tenir en réſerve ; car ce ſeroit mal
entendre l'intérêt d'un particulier
qui ne veut conſerver que ce qu'il
lui faut de froment pour la ſubſiſtance de ſa famille, que de l'engager à faire pour ce petit appro-
viſionnement une premiere dépenſe qui, quand elle ne ſeroit pas
au-deſſus de ſes forces, augmen-
teroit beaucoup le prix de la petite quantité de froment qu'il veut
ſe réſerver : en ce cas il ſeroit for-
cé de renoncer à profiter de nos
recherches. Il eſt néanmoins avantageux de mettre les particuliers
en état de faire leurs proviſions
dans les années d'abondance; puiſque c'eſt autant de citoyens qui
ne ſe reſſentent point des diſettes,
& qui dans les temps de calamité
ne tirent point leur ſubſiſtance
R iij

des marchés. On eſt heureux quand
l'économie des particuliers peut
tendre au ſoulagement de l'Etat.
On peut à l'égard du froment faire
encore plus, puiſqu'il eſt poſſible
de tourner à l'avantage du public
les grands magaſins qui auroient
été faits dans la vue d'un profit
perſonnel.

Ces conſidérations nous ont dé-
terminés à donner les plans de
pluſieurs eſpeces de greniers, pour
que chacun puiſſe choiſir celui qui
conviendra à ſes vues & à la ſituation de ſa fortune.

*DESCRIPTION d'un petit grenier
pour la ſubſiſtance d'une famille.* **Pl. VI.**

Le grenier repréſenté (*Fig.* 1
& 2,) n'eſt autre choſe qu'une
cuve ſemblable à celles qui ſervent pour les vendanges : il n'importe qu'elle ſoit cerclée de bois
on de fer ; mais les joints doivent

être auſſi exacts que s'il étoit queſtion de contenir quelques liqueurs.

Les planches du fond inférieur plieroient ſous la charge du froment comme ſous celle du raiſin, ſi elles n'étoient pas ſoutenues par des chantiers ou pieces de bois quarrées (*a*) qui doivent croiſer ces planches & être poſées immédiatement ſous elles. Les tonneliers les appellent quelquefois des *coches*, parce qu'elles ſont encochées ou entaillées vis-à-vis les douves de long, de toute l'épaiſſeur du jable.

Au haut des planches verticales ou des douves de long, il y a en (*b*) (*Fig.* 1,) une feuillure pour recevoir les planches ou les douves du fond ſupérieur (*c*) (*Fig.* 2.) Quand les planches verticales qui forment les parois de la cuve ſont trop minces pour y pratiquer la feuillure dont on vient de parler, on cloue tout autour un cercle de

R iiij

bois sur lequel les planches du fond supérieur reposent comme sur des sablieres.

Pour donner plus de solidité à ce fond supérieur sur lequel on est quelquefois obligé de marcher, on met par dessous les planches (*c*) dont on vient de parler deux membrures de deux pouces ou deux pouces & demi d'épaisseur qui croisent les planches & qui reposent par le bout sur des tasseaux : ces membrures sont ponctuées sur la figure 2.

On fait à différents endroits des ouvertures (*d*) de 4 à 5 pouces de diametre aux planches (*c*) ; elles servent à laisser échapper l'air quand on juge à propos de rafraîchir le grain par le vent des soufflets, précaution qui est superflue quand on a bien étuvé le froment ; mais elles doivent se fermer exactement par des especes de bondons (*e*) pour qu'aucun animal ne puiſſe entrer dans le grenier.

Dans l'intérieur de la cuve, lorſ-qu'on veut faire uſage des ſoufflets, on poſe ſur le fond d'en bas, deux rangs de tringles de bois ou lambourdes qui ont chacune environ deux pouces d'épaiſſeur. Ces tringles ſe croiſent à angles droits & forment une eſpece de grillage (*Fig. 3.*) On cloue ſur les tringles (*g*) qui recouvrent les autres, des lattes jointives comme ſi l'on vouloit faire un plafond, & on étend ſur ces lattes un fort canevas qui les couvre exactement dans toute l'étendue de la cuve. J'ai mieux fait, j'ai cloué des tôles percées comme des grilles de rape ſur les lambourdes.

Les deux épaiſſeurs des tringles, les lattes & le canevas font qu'il y a environ 4 pouces & demi de diſtance du fond de la cuve juſqu'au froment qu'on verſe ſur le canevas: cette épaiſſeur eſt nécessaire pour que l'air des soufflets puisse se distribuer par-tout.

Si l'on croit nécessaire que le froment qu'on met dans le grenier soit quelquefois rafraîchi par de nouvel air, on mettra à portée de la cuve deux petits soufflets (*h*) (*Fig.* 2,) avec un porte-vent (*i*) qui aboutira à une ouverture qu'on pratiquera au fond de la cuve.

Sans avoir recours à aucune machine, un homme appliqué au bout du levier (*l*) peut aisément faire jouer les soufflets. Néanmoins il est à propos d'éviter de faire ce travail à bras ; car j'ai éprouvé qu'un ouvrier même de bonne volonté, se rebute bien-tôt d'un travail dont il n'apperçoit point le fruit. Si l'on mettoit un fort Jardinier à bêcher de l'eau, quoique ce fluide résistât moins à la bêche que la terre qu'il laboure ordinairement, on le verroit bien-tôt rebuté : il en est de même de celui qu'on charge de faire mouvoir les soufflets; n'appercevant point le fruit de ses peines, il se rebute & se contente bien-tôt d'entendre le bruit des soupapes: cependant cela ne suffit pas; il faut pour rafraîchir le froment, que les diaphragmes des soufflets parcourent vivement toute l'étendue de la caisse: ainsi pour s'assurer si l'air traverse bien le froment, il sera à propos de mettre sur les ouvertures du fond supérieur, des linges qui s'éleveront d'autant plus que l'air en sortira plus abondamment; ou bien on fera jouer ces soufflets par une manivelle coudée qu'on fera tourner avec une roue creuse comme celles des tournes-broches dans laquelle un homme marcheroit; peut-être même (si la machine étoit bien faite,) pourroit-on substituer un gros chien ou une chevre à un homme : ce sont-là de ces petites industries que chacun peut & doit imaginer.

Si ce grenier avoit neuf pieds de diametre en dedans & cinq pieds de hauteur, à compter depuis le deſſus du canevas juſqu'à la feuillure qui reçoit le fond ſupérieur, il contiendroit 300 pieds-cubes de froment. Il eſt évident qu'en changeant les dimenſions de ces greniers, on peut les rendre propres à conſerver depuis 100 juſqu'à 600 pieds cubes de froment ; mais paſſé ce terme, je conſeille d'avoir recours au grenier dont je vais parler.

DESCRIPTION d'un grenier de moyenne grandeur, pour un fermier ou un Seigneur qui n'a pas de gros revenus en grains. Pl. VI.

Il eſt évident qu'il pourra ſe contenter de multiplier les cuves dont nous venons de parler, & le grenier dont nous voulons parler n'eſt autre choſe qu'une grande caiſſe (*Fig*. 4,) qui aura, ſi l'on veut, 13 pieds de côté ſur 6 de hauteur.

Elle eſt formée par des planches (*a*) de 2 pouces & demi d'épaiſ-ſeur placées les unes à côté des autres à plat-joint, mais elles ſont retenues & forcées les unes contre les autres par des moiſes (*b*) qui qui ont environ 4 pouces d'équar-riſſage, qui ſont aſſemblées à leur extrémité (*b*) par de forts tenons & de grandes mortaiſes, dans leſ-quelles entrent des coins, qui étant frappés ſerrent fortement les planches de long les unes con-tre les autres.

On donne à chaque côté un bombement d'un pouce ou un pou-ce & demi, pour que les planches, au lieu de rentrer en dedans, s'ap-pliquent contre les moiſes.

Les planches qui forment le fond d'en bas ſont reçues par leur extrémité dans une grande rainure

ou espece de jable, & soutenues
par des pieces de bois quarrées (*c*)
(*Fig. 6,*) semblables à celles qui
sont cotées (*a*) (*Fig.* 1.)

Le fond supérieur est reçu dans
une feuillure qu'on voit en (*d*)
(*Fig. 6,*) & soutenu en dessous
par des traverses (*e*), enfin on y
pratique des ouvertures comme
au-dessous du petit grenier dont
nous avons parlé plus haut.

La figure 6 représente la coupe de ce grenier pour faire voir
le double rang de lambourdes, les
lattes & une toile de crin qu'on
étend pour recevoir le froment.

Cette toile doit être semblable
à celle que les brasseurs emploient
pour sécher leur grain: on en trouve dans la plupart des grandes
villes. On pourroit substituer à la
toile de crin un treillis de fil de
fer ou de cuivre semblable à celui
des cribles inclinés; mais comme
cette dépense seroit considérable,

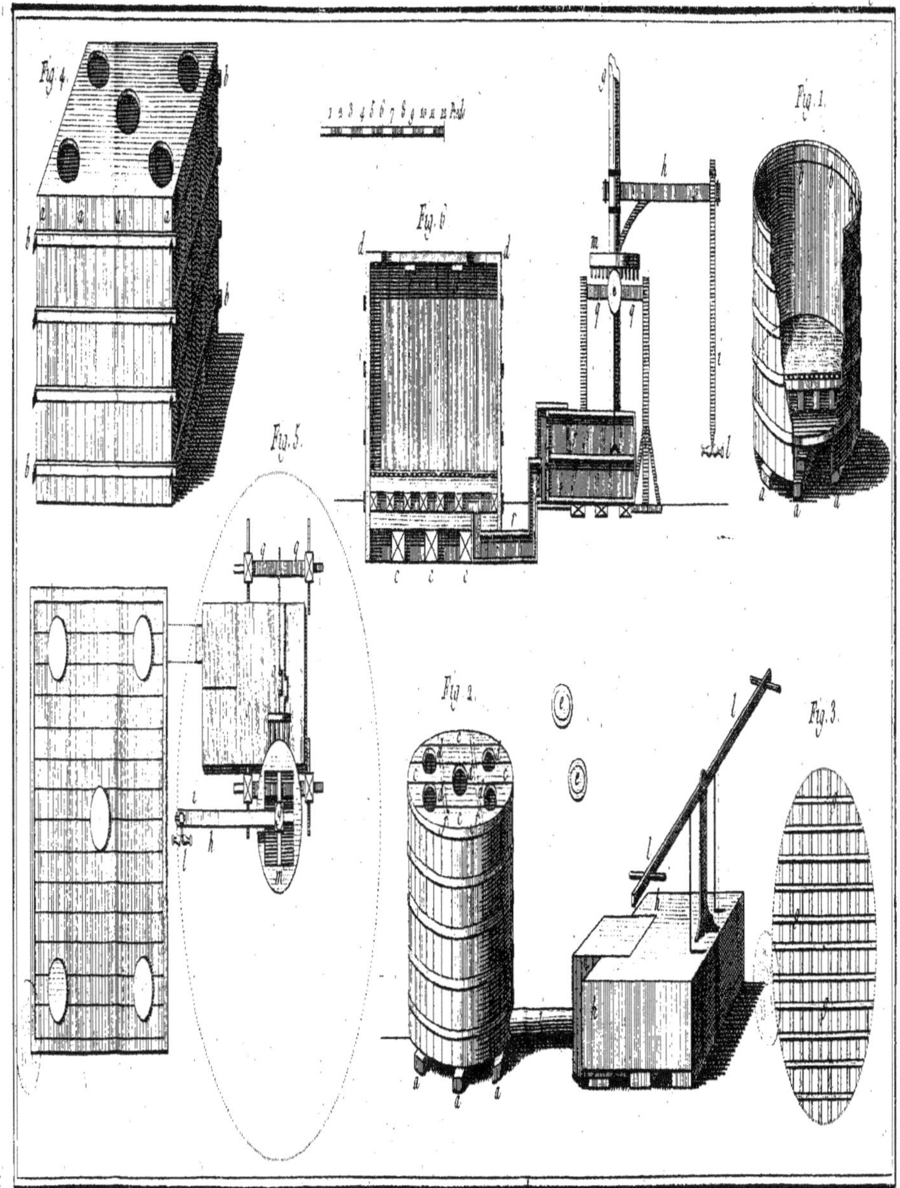
Fig. 4.
Fig. 6.
Fig. 1.
Fig. 5.
Fig. 2.
Fig. 3.

Il suffit d'employer une forte toile de crin, ou à son défaut, une claie d'osier fort serrée, semblable à celles qui forment les tuyaux de notre étuve, ou des feuilles de tôle piquées comme des rapes.

Si l'on donne à ces greniers 13 pieds de côté sur 6 de haut, ils contiendront mille pieds cubes de froment.

Nous ferons remarquer en passant, qu'en suivant l'usage ordinaire, il faudroit, pour conserver ces mille pieds cubes, un grenier de 58 pieds de longueur sur 19 de largeur qui auroit onze cents pieds de superficie.

Pour rafraîchir le froment, on établit à une petite distance du grenier un grand soufflet, ou, encore mieux, deux moyens (*f*) (*Pl. VI. Fig.* 5 *&* 6,) dont les diaphragmes sont mûs par un cheval ou un âne, au moyen d'une machine fort simple dont voici la description.

(*g*) Est un arbre tournant posé verticalement ; (*h*) est un levier de 9 à 10 pieds de longueur, à mesurer depuis le centre de l'arbre tournant jusqu'au milieu de la piece de bois (*i*) qui sert à supporter le palonier (*l*), où le cheval est attelé.

L'arbre tournant (*g*) emporte avec lui le rouet (*m*) qui a environ 5 pieds & demi de diametre, à compter du centre des dents qui sont diamétralement opposées ; & ce rouet porte 48 dents qui engrenent dans la lanterne (*n*) composé de six fuseaux. Cette lanterne fait tourner une manivelle coudée (*o*) qui fait mouvoir les tringles qui répondent aux diaphragmes des soufflets.

Toutes ces pieces sont retenues par un bâti de charpente (*q*) qui assujettit aussi les soufflets ; car il est important qu'ils le soient fermement. Chacun donnera à cette charpente

charpente la forme qu'il jugera être la meilleure.

GRENIERS plus grands que les précé- cédents qui peuvent convenir à des Seigneurs, à des Receveurs, à de petites Communautés, &c. Pl. VII.

Ces greniers consistent en une tour *A* (*Planche VII. Fig.* 1.) Elle peut être quarrée ou ronde. Le dessous de cette tour est occupé par une cave, pour dessécher l'étage où doit être le froment : le plancher inférieur de cet étage doit être élevé de 4 ou 5 pieds au-dessus du terrein.

Le vrai grenier ou l'endroit où le froment est renfermé se trouve compris depuis *A* jusqu'en *B*, & a dix pieds de hauteur y compris l'épaisseur des lambourdes, des lattes, de la toile de crin, pour qu'on puisse mettre le froment à huit pieds d'épaisseur.

Au-dessus de ce grenier est un

étage qui n'a que 5 ou 5 pieds &
demi de hauteur depuis *B* jufqu'à
C. C'eſt dans cet étage que ſont
les ſoufflets & les trappes qu'on
ouvre quand on évente le froment.
D eſt le porte-vent.

Le deſſus de cet étage eſt formé
en terraſſe à laquelle on ne donne
qu'un pied ou un pied & demi de
pente. Cette terraſſe doit être faite
avec d'excellents carreaux ajoin-
toyés avec du lut gras ou du maſtic, comme il ſera expliqué dans
l'article ſuivant.

Sur le milieu de cette terraſſe
eſt établie une petite tour de charpente couverte de planches minces comme les moulins à vent:
elle ne doit avoir tout au plus que
8 pieds de diametre ſur 10 à 11
de hauteur, & elle eſt couverte
d'un toit de bardeau, comme les
toits des moulins qui ſont renfermés dans des tours de maçonnerie.

Ce toit auquel répond une queue *E*, pour le tourner au vent, emporte avec lui une manivelle qui a un coude de 6 à 7 pouces, qui doit répondre précisément au centre de la tour, comme on le voit en *F* (*Fig.* 2.) Cette manivelle porte à une de ses extrémités des ailes obliques à peu près pareilles à celles des moulins ordinaires, & au moyen du coude elle fait mouvoir directement & sans roue ni renvoi, la tringle *G* (*Fig.* 2 ,) de bois ou de fer qui fait hausser & baisser le diaphragme du soufflet.

On pourroit éventer ce grenier avec un manége semblable à celui qui est représenté *Pl. VI.* ((*Fig.* 6 ;) mais j'ai voulu donner une idée de l'application des ailes des moulins ordinaires à nos moulins à éventer. Au reste on peut disposer ce petit moulin de bien des façons ; & il n'y a point de charpentier qui concevant qu'il ne s'agit que de faire mouvoir les foufflets, n'en imagine une qui fatisfera à ce qu'on defire.

Mais une chofe très-importante eft de renfermer la tour où eft le grain dans un bâtiment, de forte qu'elle y foit ifolée. J'ai éprouvé que fans cette condition, l'humidité pénetre les murs les plus épais, ce qui m'a fait donner la préférence aux greniers en bois.

Si le grenier dont il s'agit contenoit une maffe de froment de 18 pieds de diametre fur 8 de hauteur, il contiendroit à peu près 4000 pieds cubes.

M. Hales à qui j'avois fait part de l'établiffement de mon grand grenier, ne pouvoit pas manquer de s'intéreffer au fuccès d'une recherche auffi utile. Beaucoup plus flatté de l'avantage qui en devoit revenir aux pauvres, que d'un application heureufe du foufflet qu'il avoit inventé, il m'en témoigna sa satisfaction par une lettre dans laquelle, après m'avoir fait remarquer que les moulins horizontaux ont peu de force, il m'invitoit à essayer d'établir mes greniers à portée d'une riviere, qui faisant mouvoir les soufflets avec beaucoup plus de puissance, mettroit en état de rassembler le froment à une plus grande épaisseur; car il n'est pas douteux qu'il faut plus de force pour obliger l'air à traverser un tas de froment fort épais, qu'un qui le feroit moins.

Mais si l'on vouloit se servir des ailes ordinaires, on pourroit imiter la disposition que M. Hales leur a donnée à l'établissement qu'il a fait à Newgatte (la principale prison de Londres) pour faire mouvoir en même temps deux paires de soufflets établis l'un sur l'autre, dont les diaphragmes ont chacun neuf pieds de long sur quatre pieds & demi de largeur, & qui peuvent chasser par héure sept mille tonneaux ou deux cents quatre-vingt mille pieds cubes de l'air infecté des prisons.

M. Hales fait agir ses soufflets par le moyen d'un petit moulin à vent établi au-dessus de la prison. Les ailes de ce moulin sont au nombre de 8, & n'ont que 6 à 8 pieds de longueur; elles font avec le vent un angle de 55 à 60 degrés (*Fig.* 3.) Nous ferons seulement remarquer qu'il nous faut beaucoup plus de puissance pour obliger l'air à traverser un tas de froment assez épais, qu'il n'en faut à M. Hales, qui ne s'est proposé que de transporter une masse d'air d'un lieu à un autre.

M. Hales m'a envoyé la description exacte de la machine qu'il a fait construire à la prison de Newgatte, je compte (*a*) la rendre publique; mais pour notre objet,

(*a*) Dans le Journal Œconomique.

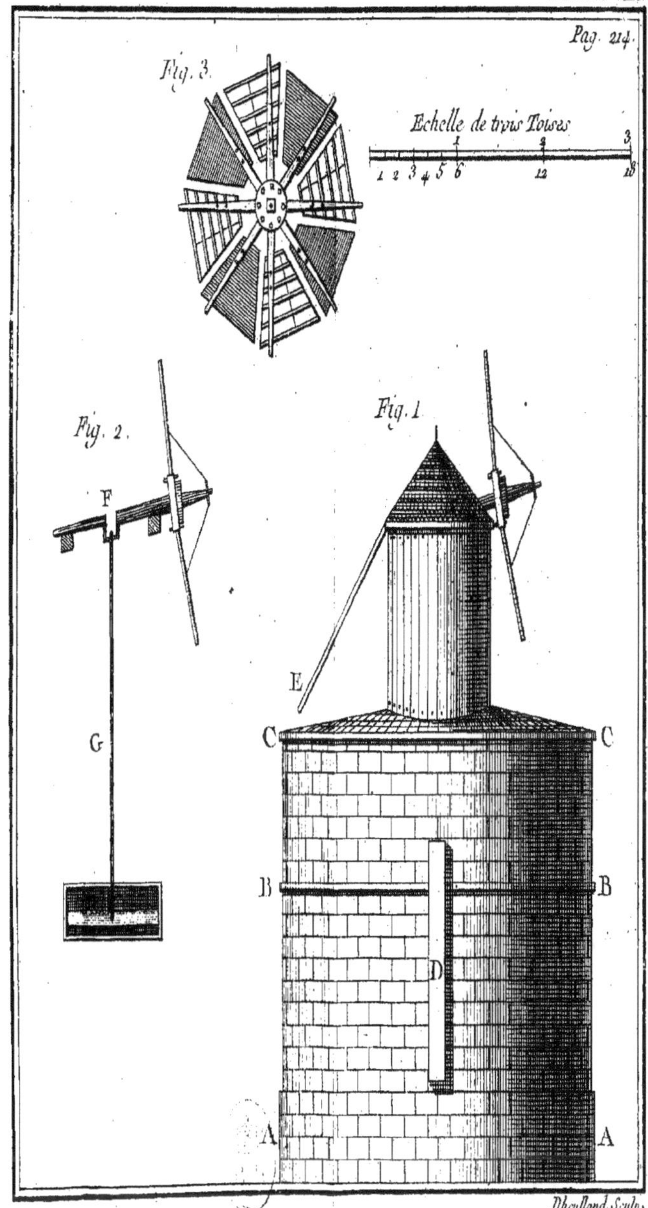

Pag. 214.
Fig. 3.
Echelle de trois Toises
1 2 3 4 5 6 12 18
1 2 3
Fig. 2.
Fig. 1.
F
E
G
C C
B B
D
A A
Dheulland Sculp.

il fuffira de donner le plan des ailes qu'il a appliquées à fon moulin : je crois qu'on en peut faire ufage pour nos greniers, en augmentant les ailes proportionnellement à l'effort que l'air éprouve pour traverfer le tas de froment qu'on veut éventer. On pourra les faire, par exemple, de 10 pieds de longueur au lieu de 7 que M. Hales leur a donné : je prie cependant qu'on ne prenne point cette longueur des ailes pour une dimenfion précife ; car n'ayant point fait exécuter de pareilles ailes, je ne fais point quel en peut être l'effet.

L'idée fort fuperficielle que je viens de donner du grenier de médiocre grandeur, fuffira pour en établir avec facilité, quand on aura la defcription détaillée que nous allons donner du grenier que nous avons fait bâtir au château de Denainvilliers près Pithiviers.

DESCRIPTION d'un grand grenier pour l'approvisionnement d'une petite Communauté, ou d'un Hôtel-Dieu de province.

Quand on se propose de conserver depuis 4 jusqu'à 15, 20, 25 mille pieds cubes de froment, il est à propos de faire jouer les soufflets par un moulin à vent: ou par un courant d'eau, si l'on en a la la commodité. Nous avons exécuté le moulin à vent dans une de nos terres qui est située en Gâtinois, tout auprès de Pithiviers. La description que nous allons donner de notre grenier suffira aux architectes pour en faire construire de beaucoup plus grands.

Notre grenier est pratiqué dans une tour ronde (*Pl. VIII. Fig. 1,*) d'environ trente-deux pieds d'élévation depuis la terre jusqu'à la plate-bande qui soutient l'égout, sur vingt-six pieds de diametre en dehors.

dehors des murs, qui étant de deux pieds & demi d'épaisseur, laisse le diametre intérieur de 21 pieds.

Le bas de cette tour (*Fig.* 2,) est occupé par une cave voûtée *A*, afin que l'étage où l'on doit mettre le froment en soit plus sec. On voit en (*a*) (*Fig.* 1 & 3,) l'escalier qui y conduit, & en (*b*) la porte par laquelle on entre dans cette cave : la figure 3 en représente le plan, ainsi *A* en est l'étendue, & (*c*) le soupirail.

B (*Fig.* 2 & 4,) représente l'étage où l'on met le froment : c'est-là le grenier proprement dit, qui a en dedans vingt & un pieds de diametre & dix pieds de hauteur du carreau aux solives : on a soin que le plancher du bas de ce grenier soit de 4 ou 5 pieds plus élevé que le niveau du terrein.

On voit à cet étage une pierre plate (*d*) posée sur le carreau : elle est destinée à recevoir le bout

T

du montant ou étançon (*e*) (*Fig.* 2,) qui sert à fortifier le plancher, que la charge de l'arbre tournant, du rouet & des ailes, dont nous parlerons dans la suite pourroit ébranler.

(*f*, *f*) sont les lambourdes, les lattes & la toile de crin du faux plancher sur lequel pose le froment. La figure 4 représente le plan de cet étage : (*g*) est une ouverture pour recevoir le bout du porte-vent dont on parlera dans la suite ; il se divise en patte d'oie sous les lattes, & tient lieu de lambourdes.

(*h*, *l*,) (*Fig.* 1 & 5,) désignent l'escalier pour monter à cet étage. La partie (*h*) exposée à l'air, est en pierre : la partie (*l*) est en bois & renfermée dans un petit bâtiment pratiqué pour placer les escaliers ; (*i*) est la porte pour entrer dans ce bâtiment ; (*m*) est une porte pour entrer dans l'étage des soufflets. Toutes ces choſes ſont repréſentées dans le plan, (*Fig.* 5.)

L'étage *B* (*Fig.* 1, 2 & 4) eſt donc deſtiné à être rempli comble de froment : on peut le ſéparer en deux parties par une cloiſon qui le traverſe pour ſéparer les froments de différente qualité & de diffé-rente récolte.

C (*Fig.* 2) eſt l'étage du deſſus du grenier où ſont les trappes (*n*) (*Fig.* 2 & 5,) par leſquelles on emplit & on vuide le grenier; (*o*) les ſoufflets & le rouage qui les fait mouvoir. Cet étage n'a que 6 pieds de hauteur.

On y voit un arbre vertical poſé au milieu de la tour : les ai-les qui ſont à l'étage ſupérieur le font tourner. Cet arbre emporte avec lui un rouet qui a 40 allu-chons ; il engrene dans une lan-terne qui a 12 fuſeaux ; & cette lanterne a pour axe une manivelle à double coude qui fait jouer deux grands soufflets.

Le vent des soufflets se réunit en (*p*) (*Fig.* 5 ,) & au moyen du porte-vent (*p, q,*) (*Fig.* 1) il est porté sous le faux plancher, où il se répand entre les lambourdes : (*r, r,*) (*Fig.* 1 & 5) sont des fenêtres qui servent à donner de l'air & du jour à cet étage.

Il est bon de remarquer que sous les trappes (*n*) il y a une grille de fer fermant à clef, garnie d'un treillis de fil de fer assez serré pour empêcher les souris & les oiseaux d'entrer dans le grenier quand les trappes sont ouvertes : avec cette précaution on est encore à l'abri des infidélités que le gardien pourroit commettre.

L'étage *D* (*Fig.* 1) qui a 15 ou 16 pieds de hauteur contient les ailes horizontales de cette espece de moulin, qu'on connoît sous le nom le *Moulin à la Polonoise.*

S (*Fig.* 1, 2 & 6) sont des piliers de pierres de taille qui soutiennent le toit, & qui donnent un commencement de direction au vent qui doit faire tourner les ailes: la figure 6 en représente la coupe : (*t*) est un bâti de charpente sur lequel on cloue des planches pour former des especes de bajoyers destinés à conduire le vent sur les ailes qui sont renfermées dans le polygone (*u*) (*Fig.* 6 ;) ainsi les piliers de pierres de taille font avec les bajoyers dont on vient de parler, une espece de coin dont la pointe répond aux angles (*u*) du polygone, & la base de la circonférence extérieure de la tour; de sorte qu'un des côtés du coin doit être tangent à un cercle qu'on imagineroit tracé dans l'intérieur de l'étoile qui porte les ailes *y*.

Si l'étage étoit voûté au-dessus des soufflets, on pourroit faire une

T iij

grande partie des bajoyers en pierre ; mais comme au grenier que nous avons fait bâtir, cet étage n'est qu'un simple plancher, nous avons fait ensorte que la maçonnerie n'excédât pas en dedans le vif du mur.

On conçoit encore qu'on pourroit faire les piliers en moëllons au lieu de les faire en pierres de taille, sur-tout si le diametre de la tour étoit beaucoup plus grand que nous ne l'avons fait.

Enfin dans les endroits où le bois est plus commun que la pierre, on pourra faire les piliers & les bajoyers en bois.

Mais on doit remarquer à l'égard des bajoyers , qu'une partie est dormante, & que l'autre qui est suspendue par des pentures & des gonds, forme de vrais contrevents, qui étant ouverts servent à diriger le vent sur les ailes ; & quand ils sont fermés & rabattus

fur les traverſes du polygone (*u*),
ils empêchent le vent & la pluie
de donner ſur les ailes *y* qui alors
ſont exactement renfermées.

Comme dans la hauteur du grenier il y a trois rangs de traverſes
ou trois polygones, ſemblables à
celui qui eſt repréſenté (*u*) (*Fig. 6,*)
les contrevents ne peuvent être
ébranlés par le vent quand ils ſont
fermés : le jeu des contrevents eſt
repréſenté (*Fig. 6,*) par des lignes
courbes ponctuées.

Pour expliquer la ſituation des
ailes, je ſuppoſe les contrevents
ouverts, quoiqu'ils ſoient fermés
dans la figure 1, & je demande
qu'on imagine que ſur l'arbre tour-
tant & vertical (*e Fig. 2*) on ait
aſſemblé haut & bas deux étoiles de
légere charpente, ou de menuiſerie ſemblable à celle qui eſt repréſentée par (*x, Fig. 6,*) & dont la
coupe ſe voit (*x, Fig. 2 :*) les ſeu-
les faces (*y, y*) de ces étoiles

(*Fig.* 6,) sont revêtues de planches minces, comme on le voit (*y, y, Fig.* 2;) ainsi le reste n'est qu'un bâti pour donner de la solidité à la branche (*y, y, Fig.* 6,) qui supporte les planches minces ou les ailes.

Z, (*Fig.* 6,) est une trappe pour passer de l'étage *C* où sont les soufflets (*Fig.* 2) dans l'étage *D* des ailes (*Fig.* 1).

Comme les piliers de pierres de taille *S* & les bajoyers (*t*) laissent entr'eux beaucoup d'espace, la pluie, chassée par le vent, tombe nécessairement sur le plancher de cet étage ; ainsi il faut le bomber, pour que l'eau se rende sur les tablettes de pierres de taille qui sont entre les piliers ; & ce plancher doit être impénétrable à l'eau. Il en coûteroit trop de le revêtir de plomb ; il suffit de le carreler avec des carreaux bien cuits & fort durs qu'on pose à l'ordinaire sur une aire de plâtre ou de mortier ; mais on doit avoir foin d'ouvrir ou de nettoyer les joints pour les remplir d'un des maftics fuivants.

MASTIC GRAS.

On met dans un grenier des pierres de chaux fortant du four : au bout de quelque temps on les trouve réduites en une pouffiere très-fine qu'on mêle avec autant de bon ciment paffé au tamis de crin, & on gâche ce mélange avec de l'huile de noix, d'œillette ou de lin ; n'importe, pourvu que ce foit une huile ficcative : l'opération la plus effentielle eft de bien corroyer cette efpece de mortier en le battant long-temps dans une grande auge de bois ou de pierre avec un morceau de fer *A* qui a un affez long manche *B* (*Fig.* 7.)

Lorfqu'on veut employer ce maftic, les joints étant bien net-toyés, comme nous avons dit, on les frotte avec un pinceau imbibé d'huile; & avec une petite truelle ou une lame de couteau, on les remplit de ce maſtic, en l'appliquant comme les vitriers font pour les carreaux de verre: on pourroit encore, ſans s'expoſer à une grande dépenſe, employer leur maſtic, qui ſe fait avec du blanc de céruſe & de l'huile de lin; il eſt ſeulement important, comme pour celui dont je vais parler, de choiſir un temps chaud & ſec.

MASTIC RÉSINEUX.

On fait fondre & cuire dans une chaudiere de fer fondu, deux parties de réſine, une partie de poix noire & une demi-partie de graiſſe, à laquelle on ajoute ce qu'il faut de ciment ſec & tamiſé, pour donner de la conſiſtance à ce maſtic: ſi on le trouve trop gras, on y ajoute de la réſine; s'il eſt trop ſec on augmente la doſe de la graiſſe, ou on y mêle un peu de poix noire.

La façon d'employer ce maſtic eſt de le verſer tout chaud & bien fondu dans les joints, & de liſſer ou unir la ſuperficie avec un fer chaud, ſemblable aux carreaux que les tailleurs emploient pour rabattre leurs coutures.

MASTIC DE ROUILLE.

Si le carreau étoit fort dur, on pourroit encore former les joints avec un maſtic fait avec de la limaille de fer & du vinaigre. Pour cet effet on prend de la limaille non rouillée & ramaſſée ſur l'établi des ſerruriers : on la fait rougir ſur le feu dans une poële pour brûler la pouſſiere qui y eſt mêlée ; & la limaille étant encore chaude, on verſe deſſus aſſez de vinaigre pour en faire une eſpece de mortier dont on remplit les joints : on en unit la ſurface avec une petite truelle qu'on trempe de temps en temps dans du vinaigre.

Il faut que le haut de l'étage où font les ailes foit plafonné avec des planches ou avec du plâtre, afin que le vent n'endommage point la couverture, & qu'en gliffant fur le plafond, il n'éprouve point de réflexions qui pourroient ralentir le jeu des ailes.

Pour foutenir la charpente, on met, d'un pilier à l'autre, deux pieces de bois en forme de linteau : celle du dehors eft circulaire par fa face extérieure pour former l'arrondiffement de l'égout.

En jettant les yeux fur la figure 6, on voit que par la difpofition des bajoyers, le vent ne peut agir que fur un côté des ailes. Si, par exemple, le cours du vent eft fuivant la direction des hachures (i, l,) tous les filets ou entreront dans le moulin fuivant une direction propre à faire tourner les ailes de (*i*) en (*l*,) ou bien ils feront détournés & inutiles, de sorte qu'aucun ne pourra agir suivant la direction (*l*, *i*.) Mais ces sortes de moulins horizontaux ne peuvent pas avoir beaucoup de puissance, non-seulement parce que les ailes, par leur mouvement évitent une partie de l'action du vent, mais encore parce que la face postérieure des ailes frappe une masse d'air qui retarde leur mouvement.

Néanmoins notre moulin a suffisamment de force pour faire jouer deux soufflets, pour peu que le vent soit frais ; mais rien n'empêcheroit qu'on n'appliquât à notre grenier les ailes obliques des moulins ordinaires, comme nous l'avons dit plus haut *page* 207.

Les raisons qui nous ont engagés à nous servir du moulin à la Polonoise font, qu'il est toujours orienté ; qu'on est dispensé de tendre & de ployer les toiles, & que n'étant

pas expofées à un travail continuel,
les ailes font à couvert; au lieu que
celles du moulin ordinaire font expofées au vent qui rompt les ver-
ges, & à la pluie qui pourrit la tête
de l'arbre tournant. Néanmoins on
pourra, fi l'on veut, fe fervir des
ailes repréfentées dans la Planche
VII.

Nous avons propofé plus haut
de faire jouer les foufflets tantôt
par des hommes, tantôt par des
animaux de trait; nous venons d'indiquer comment on peut profiter
de l'action du vent: il eft évident
que fi l'on pouvoit difpofer d'un
petit ruiffeau, l'action de l'eau feroit
préférable à tous les autres moteurs
dont nous venons de parler; &
qu'une roue à aubes fuffiroit pour
faire jouer plufieurs grands foufflets.

Tout étant difpofé comme nous
l'avons expliqué, on emplit comble jufqu'au plancher l'étage *B* (*Fig.*

2) avec du froment bien nettoyé & deſſéché par l'étuve , & on ferme les trapes (n) qui ſont à l'étage C. Quand on veut rafraîchir le froment on ouvre les contrevents (u) de l'étage D (Fig. 1), & les trapes (n) de l'étage C (Fig. 2), alors pour peu qu'il faſſe de vent les ailes (y) tournent, les ſoufflets (o) jouent, le vent qu'ils produiſent ſe réunit dans un même canal (p) (Fig. 5 ,) & au moyen du porte-vent (p, q) (Fig. 1 ,) il entre ſous les lambourdes par le canal (g) (Fig. 4 :) enfin il traverſe toute la maſſe de froment & ſort par les trappes ; ce qu'on rend ſenſible en étendant une nappe ſur l'embouchure des trappes, car on la voit ſe ſoulever à tous les coups de ſoufflets.

Lorſque le froment eſt ſuffiſamment rafraîchi, on ferme les contrevents de l'étage D, & les trappes de l'étage C ; ainſi le froment reſte exactement renfermé juſqu'à ce qu'on juge à propos de l'éventer de nouveau.

En supposant que le grenier, dont nous venons de donner la description, ait de diametre vingt & un pieds dans œuvre, & que le froment y soit mis à huit pieds de hauteur, il contiendra à peu près cinq mille quatre cents pieds cubes. Cette quantité de froment disposée à l'ordinaire ne tiendroit pas dans toute la face du bâtiment depuis une croupe jusqu'à l'autre de la planche IX.

PROJET d'un grand établissement de greniers pour l'approvisionnement d'un hôpital, & même d'un ville. Planches IX, & X.

Pour prendre d'abord une idée générale de cet établissement de greniers, il faut se représenter une cour *A* (*Pl. IX, Fig.* 1,) de 24 toises en quarré tout entourée de bâtiments, aux angles de laquelle il

y

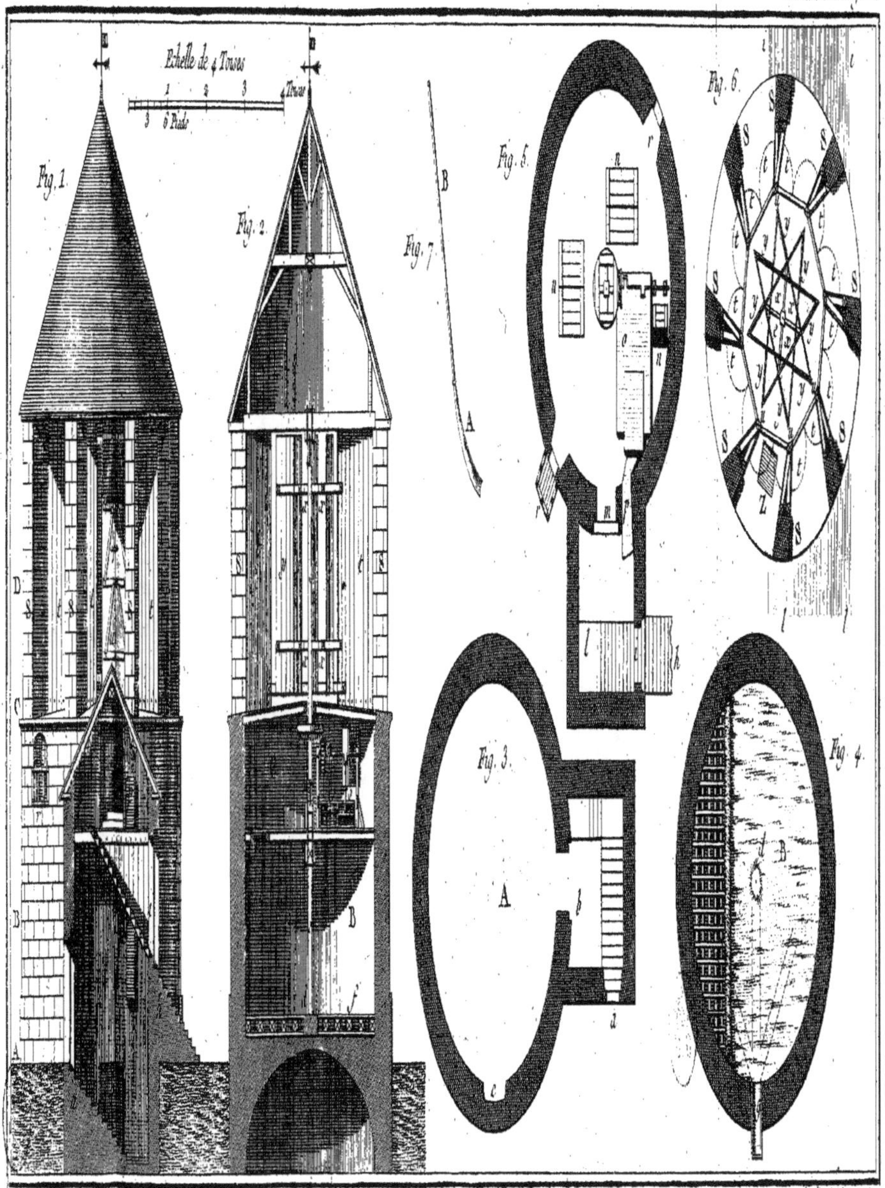
Fig. 1.
Fig. 2.
Fig. 3.
Fig. 4.
Fig. 5.
Fig. 6.
Fig. 7.
Echelle de 4 Toises
1 2 3 4 Toises
3 6 Pieds
A
B
Bouillard del. et Sculp.

y a quatre tours, semblables à celle
qui a été décrite dans l'article précédent.

Chaque tour contient un moulin qui fournit de l'air à neuf greniers, dont un est dans la tour même ; deux dans les parties de bâtiment *B* (*Fig.* 1 ,) deux dans la partie *C* , deux en *D* , & deux en *E*.

Au milieu *F* de chaque corps de
bâtiment est une étuve ; à côté de
chaque étuve deux portes charretieres , sous lesquelles entrent les
charrettes chargées de froment ;
desorte qu'on monte commodément les sacs , au moyen d'un treuil
& d'un moulinet établi dans les
greniers de dépôt qui occupent le
premier étage. Car les greniers
de conservation & les étuves n'oc-
cupant que le raiz-de-chauffée , le
grenier de dépôt regne sur tous les
bâtiments ; il est seulement inter-
rompu par l'étage des tours où sont
les soufflets , auxquelles il y a des

V

portes pour former une communication de plain-pied entre tous ces
grands greniers.

Les lignes ponctuées marquent
une enceinte de murailles qui doit
renfermer tous les bâtimens : on
voit à une petite distance de ce mur
en dedans, des dez de pierres de
taille *I I* (*Pl. X*) sur lesquels s'élevent des piliers pour des hangars
où l'on met le bois de l'étuve.

La figure 2 représente l'élévation d'un des quatre corps de logis
vu de face avec la coupe de deux
autres. *A* est une porte qui conduit
à l'étuve établie au milieu de
chaque bâtiment & à un escalier
qui mene au grenier de dépôt.

Comme à mesure que le froment
fort de de l'étuve il faut le remonter dans les greniers de dépôt, il
y a à côté des étuves un corridor
assez large, & au plancher qui le
couvre une trappe avec un moulinet dans le grenier de dépôt pour

monter commodément & prompt-
tement les facs de froment étuvé.

B, font des portes charretieres
où entrent les charrettes chargées
de froment : les facs fe montent
encore dans le grenier de dépôt
avec un moulinet.

La partie *C D* de ce bâtiment
renferme au raiz-de-chauffée deux
greniers de confervation ; il y en
a auffi deux dans le bâtiment *E F.*

Les tours *G* font quarrées jufqu'à
l'égout des bâtiments ; à cette hauteur les angles font arrondis par des
trompes de pierres de taille , de
forte que l'étage des foufflets qui
eft de plain pied avec le grenier de
dépôt , eft rond.

Chaque corps de logis a 31 pieds
de largeur, hors œuvre , fur 50
toifes de longueur y compris les
tours.

Les greniers de confervation
regnent dans toute l'étendue du
bâtiment *H , H :* ils doivent être

percés de lucarnes des deux côtés, pour nettoyer plus parfaitement le froment, comme nous l'avons dit dans le chapitre III.

Les coupes *I, I* font voir des caves voûtées pour rendre les greniers plus fecs ; ces caves tout-à-fait inutiles, à moins qu'on ne s'en fervît pour mettre le bois de l'étuve, feroient très-avantageufes à un hôpital ; & une ville pourroit les louer fans avoir rien à craindre du feu.

A quatre ou cinq pieds au-deffus du niveau du terrein, plus ou moins fuivant que le terrein eft fec ou humide, font les greniers de confervation, qui ont chacun vingt pieds en quarré fur onze de hauteur, afin que le froment y puiffe être mis à dix pieds d'épaiffeut.

Tous les murs doivent avoir 3 pieds d'épaiffeur pour réfifter à la pouffée des grains, & être bâtis en bon mortier de chaux & de fable, avec du moëllon de pierre dure ; il n'y aura en pierres de taille, que les corniches, les encoignures & les tableaux des portes & des croifées.

Comme les croifées ne fervent qu'à éclairer un corridor dont nous allons parler, on les peut faire beaucoup plus petites qu'elles ne font repréfentées dans le plan (*Planche* X.)

A côté des greniers, on voit un petit corridor qui regne le long de tous les greniers ; c'eft dans ces corridors que paffent les porte-vents, & que font établis les regiftres pour qu'on puiffe vifiter fi l'air ne fe perd pas par quelque endroit.

Il fera à propos de placer les galeries *d*, *d*, &c. du côté du vent d'Oueft, ou du Sud-Oueft d'où la pluie vient le plus ordinairement ; parce qu'il eft d'expérience dans ces pays-ci que les appartements font toujours beaucoup plus humi-

des du côté du vent de Sud &
d'Ouest que du côté du Nord & de
l'Est. Ainsi on parviendra à rendre
les greniers plus secs en plaçant,
autant que faire se pourra, les galeries *d*, *d*, du côté qui est le plus
exposé au grand vent & à la pluie.

On peut faire les porte-vents,
en bois ou en plomb, & même
avec des tuyaux de grès ; pourvu
que l'air ne se perde pas ils feront
bons. Mais il est avantageux que
les porte-vents communiquent par
trois tuyaux dans chaque grenier,
comme on le verra dans la figure
3, & que chaque embranchement
ait un registre particulier.

Les registres sont formés par une
pêle de bois garnie de cuir, qui
entre exactement dans des coulis-
ses.

Il sera bon que les porte-vents
soient isolés ; ils en seront moins
exposés à la pourriture ; on sera en
état de mieux visiter si le vent s'é-

chappe par quelque endroit ; & les regiſtres en ſeront plus aiſés à placer.

On voit au deſſus des greniers de conſervation la coupe des greniers de dépôt : il eſt inutile que le deſſus des greniers de conſervation ſoit voûté ; car en jettant les yeux ſur la Planche X, on verra une quantité de murs de refend qui contribuent beaucoup à la ſolidité de ces planchers qu'il faut néanmoins fortifier par de bonnes poutres.

Il y a au raiz-de-chauſſée de la tour, un grenier de conſervation : au-deſſus eſt l'étage des ſoufflets qui a 18 pieds d'élévation, ce qui permettra d'en voûter le deſſus, & au moyen de cette voûte, on pourra faire les bajoyers en pierre juſqu'à la naiſſance des contrevents, comme nous l'avons fait remarquer dans l'article précédent.

Au-deſſus des ſoufflets eſt le

moulin à la Polonoife ou horizon-
tal. Il fera néceffaire de donner aux
ailes au moins 20 pieds de hauteur
pour qu'elles puiffent faire jouer
deux lanternes & quatre foufflets :
car comme chaque moulin doit rafraîchir neuf greniers il faut multiplier les foufflets. Lorfque le vent
fera foible, on pourra débrayer une
lanterne pour foulager le moulin
qui n'aura plus à faire jouer que
deux foufflets.

Maintenant on peut fe former
une idée de ces grands greniers ;
puifqu'il n'y a qu'à fe repréfenter
quatre faces de bâtiment, chacune
femblable à celle qui eft repréfentée (*Pl. IX*, *Figure* 2) & qui font
difpofées les unes à l'égard des autres, comme on les voit à vue d'oifeau (*Fig.* 1 ;) mais l'explication du
plan (*Pl. X*) achevera d'éclaircir
les idées : on y voit une partie du
plan des greniers qui font repré-
fentés fur la Planche IX figure 1.

A,

A, le lieu où est l'étuve : (*a*) l'é-
tuve : (*b*) l'escalier pour monter au
grenier de dépôt.

B, Les portes charretieres.

C D E F, Les greniers de conservation. (*c*) L'extrémité des porte-vents dans les greniers. (*d*) Les
corridors dans lesquels doivent ré-
gner les porte-vents, & par lesquels on ouvrira les regiftres. (*e*)
Petits efcaliers pour monter les
quatre pieds dont les greniers font
plus élevés que le raiz-de-chauffée. (*f*) Les fenêtres qui éclai-
rent les corridors.

K, La porte charretiere par laquelle feule peuvent entrer & fortir les voitures.

FF, *HH*, mur de clôture qui
renferme tous les greniers. Il fait
arriere-corps de cinq pieds fur les
bâtiments, pour qu'on puiffe appercevoir des greniers de dépôt fi
quelque mal intentionné, ou in-
confidéré fait du feu ou d'autres

X

manœuvres qui puissent endommager ce précieux dépôt.

I, I, Hangar qui doit servir à mettre le bois pour l'étuve, supposé qu'on ne veuille pas le renfermer dans les caves.

On pourra faire au milieu de la grande cour, qui a 24 toises en quarré, un logement pour le gardien, afin d'éviter les accidents du feu.

Nous avons dit (*page 236.*) qu'il faut que le plancher des greniers soit établi à quatre pieds au-dessus du niveau du terrein. Cela fera ordinairement suffisant; mais si l'on bâtissoit ces greniers dans des terreins qui laissent échapper beaucoup de vapeurs, il seroit à propos de tenir les planchers cinq & même six pieds au-dessus du terrein ; &, autant qu'on le pourra, nos greniers doivent être placés sur un terrein élevé : il faut encore avoir la précaution de paver le tour des bâtiments, pour tenir les greniers dans un état de fécherefſe, qui eſt abſolument néceſſaire pour la parfaite conſervation des grains.

Il s'enſuit donc, comme nous l'avons dit dans pluſieurs endroits de cet Ouvrage, qu'il ne faut mettre le grain dans nos greniers faits en maçonnerie, que quand on ſera bien certain que la maçonnerie eſt parfaitement ſeche; & comme les murs neufs & épais ſont fort long-tems à perdre toute leur humidité, les Particuliers qui voudront jouir promptement de nos greniers, feront bien de les faire conſtruire en bois comme ceux de la Planche VI. *Fig.* 4 ; & ſi ces greniers en bois ſont auſſi grands que ceux en pierres de la Planche X. il faudra employer des membrures de trois pouces & demi ou 4 pouces d'épaiſſeur.

Il n'eſt pas douteux qu'on pourroit faire auffi en bois les greniers pour les grands magafins , en ce cas on placeroit de grandes caiffes femblables à celles qui font repréfentées Pl. VI. *Fig.* 4, aux endroits défignées par les lettres *c*, *c* Pl. X. Elles feroient alors établies fur des chantiers élevés de deux à trois pieds au-deffus du niveau du terrein ; & comme on fupprimeroit le contre-mur qui borde le corridor, la largeur du bâtiment pourroit être diminuée au moins de trois pieds.

On feroit bien encore de ménanager aux murs des faces, tant du dedans de la cour que du dehors, de petites fenêtres ou des efpeces de foupiraux qu'on ouvriroit dans les temps de féchereffe pour deffécher les caiffes qui contiennent le grain ; car fi ces caiffes étoient placées dans un lieu renfermé comme feroit un cellier, elles courroient rifque de pourrir en peu de temps.

Dans le cas où l'on feroit les greniers en bois, les caves qui occupent le deſſous du bâtiment ne pourroient qu'être fort utiles pour deſſécher le lieu où les caiſſes feroient renfermées; mais dans les endroits d'où il ne tranſpire pas beaucoup d'humidité, on pourroit épargner la dépenſe qu'exigent des caves qui ſont fort étendues, quoique dans la plupart des Villes on trouve à les louer avantageuſement.

La commodité de pouvoir emplir ſur le champ les greniers faits en bois, & l'avantage d'avoir des greniers plus ſecs, pourra engager pluſieurs perſonnes à préférer cette conſtruction à celle en pierres.

On ne donne ce projet que pour faire mieux comprendre la diſpoſition de nos greniers; car chaque architecte pourra diſpoſer les bâtiments convenablement pour le lieu & la commodité des perſon-

nes qui les feront conftruire. Mais
pour fixer encore plus les idées,
nous allons faire un parallele de
notre grenier avec celui qu'on a
conftruit à Lyon, & qu'on nomme
de *l'abondance*.

Depuis la premiere édition de
ce Traité, j'ai continué à faire
des expériences pour effayer de
trouver une méthode encore plus
fimple de conferver les grains ; &
comme j'ai remarqué que le jeu
des foufflets détournoit beaucoup
de gens d'adopter notre méthode,
j'ai éprouvé que du grain étuvé à
110 degrés du thermometre de
M. de Réaumur, donnoit de bon
pain, & que du froment étuvé
entre 80 & 90 degrés, fe confer-
voit à merveille, fans le fecours
des foufflets. J'ai adopté une nouvelle méthode qui eft détaillée
dans les Additions à ce Traité.
Au moyen de cette méthode que
nous éprouvons depuis 10 à 12

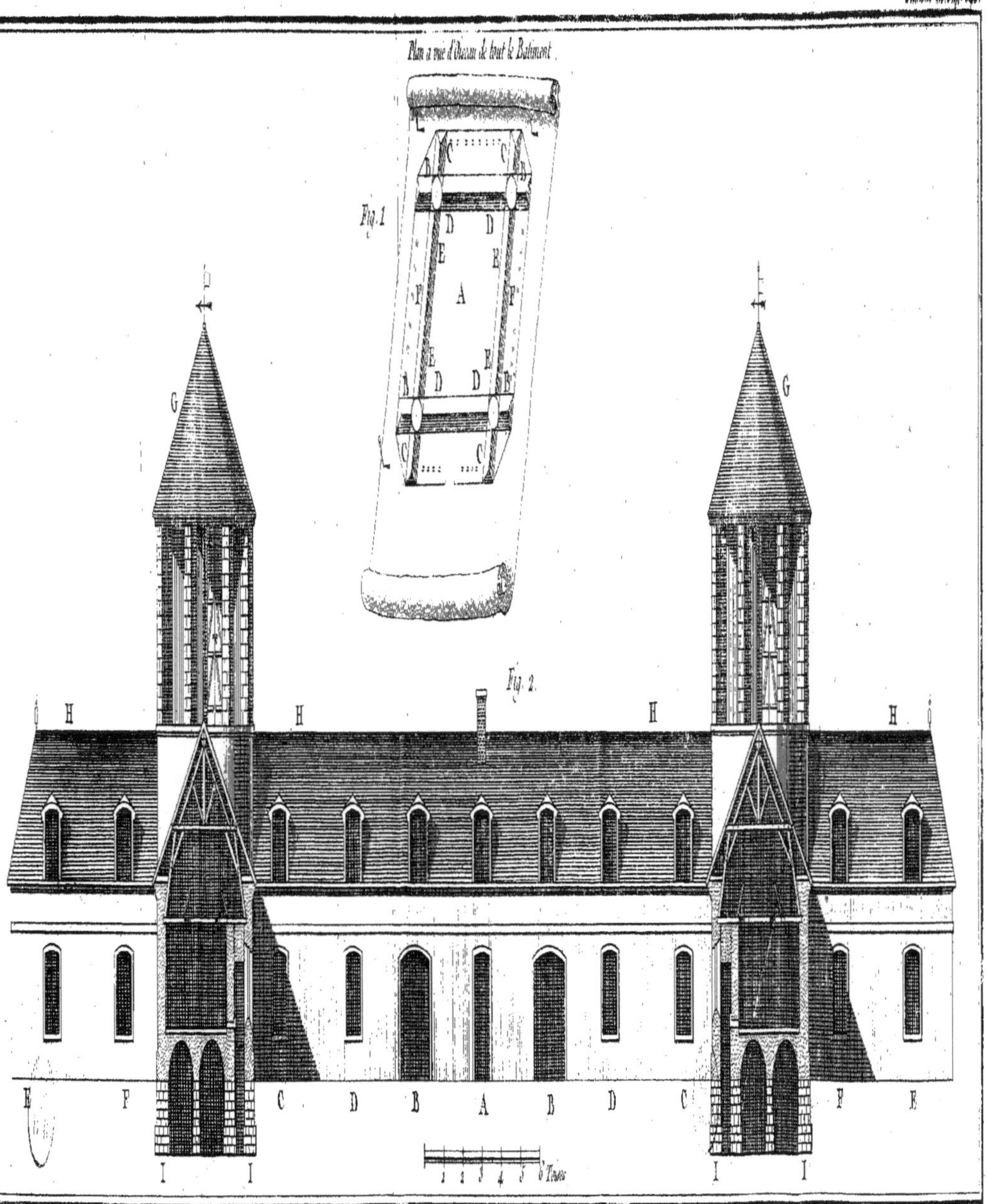

Plan a vue d'Oiseau de tout le Batiment.
Fig. 1.
A
B C C B
D D
E E
F A F
E E
D D
A B
C C
G
G
Fig. 2.
H H H H
E F C D B A B D C F E
I I I I
1 2 3 4 5 6 Toises
Pherillamet Sculp.

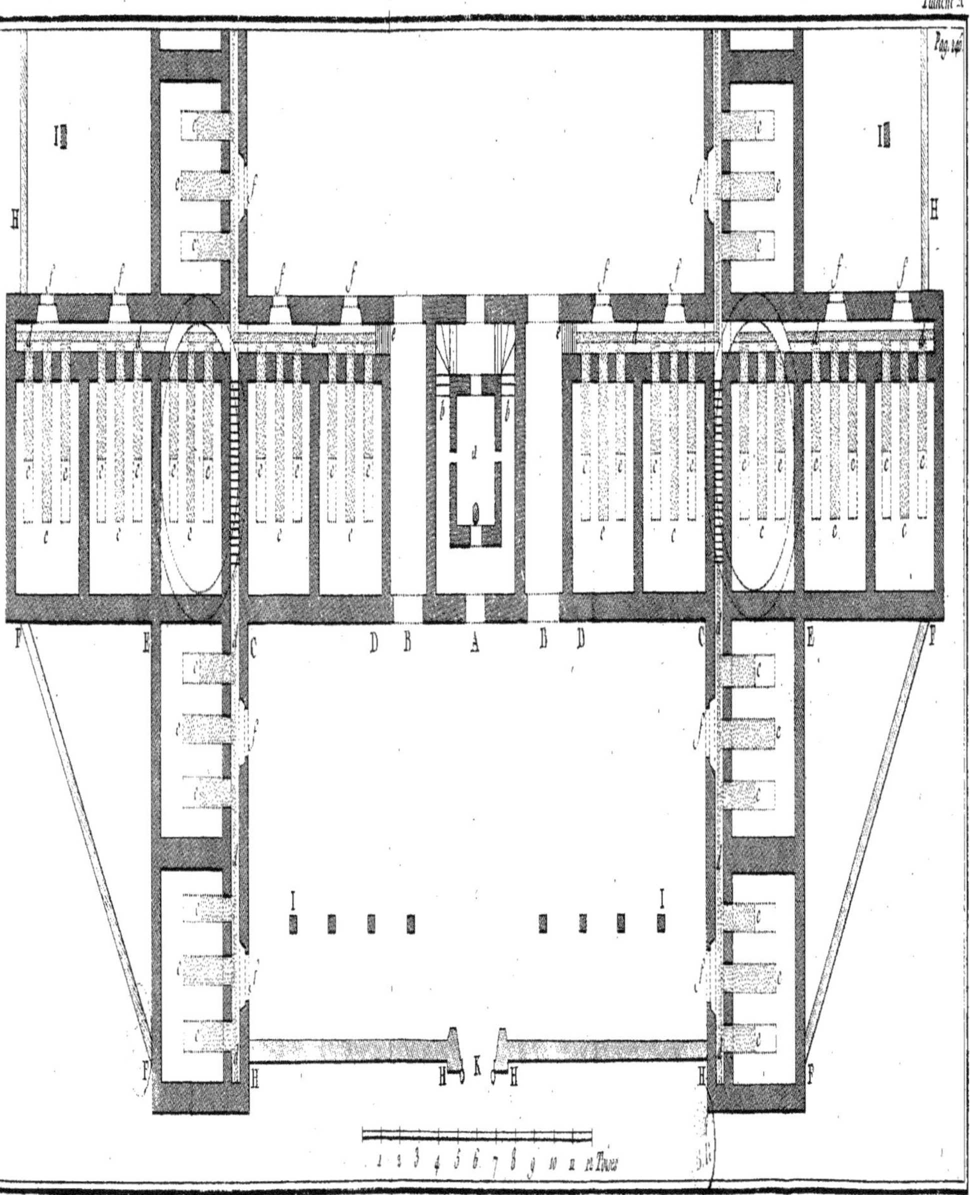
H
H
H
H
F E C D B A B D C E F
F H H K H H F
I I
1 2 3 4 5 6 7 8 9 10 11 12 Toises

ans, la conservation eft infiniment
fimplifiée, & on ne fauroit y op-
pofer que l'habitude & une routi-
ne tout-à-fait condamnable. Cependant cette unique raifon eft caufe
qu'on ne fait à Lyon aucun ufage
d'une étuve qu'on a conftruite aux
greniers d'abondance de cette
Ville.

DESCRIPTION *fommaire des greniers
d'abondance de Lyon, faite fur les
deffeins & profils de M. de Ville,
Ingénieur des Ponts & Chauffées.*
Pl. XI.

A B, (*Fig.* 1,) repréfente le plan
de la moitié de tout le bâtiment
qui a en tout 388 pieds & demi
de longueur. La largeur *A C*, hors
œuvre eft de 54 pieds & demi,
l'épaiffeur des murs de 4 pieds &
demi.

D, eft la cage de l'efcalier.
Les piliers, les dofferets, les

portes & les croisées paroissent sur le plan.

Les figures 2 & 3 représentent l'élévation & la coupe de ce bâtiment. Le raiz-de-chaussée *E* , sert actuellement d'un magasin d'artillerie.

FGH sont trois greniers au-dessus les uns des autres ; ce qui rend le service du troisieme étage fort pénible.

La hauteur de chaque étage sous clef, est de 15 pieds , & celle de tout le bâtiment du fond à la cime est de 63 pieds : chaque grenier est formé par trois nefs en en voûte d'arrête.

Cette courte description suffit avec l'aide des figures pour donner une idée de ce grand bâtiment, qui fait un honneur infini à la ville de Lyon.

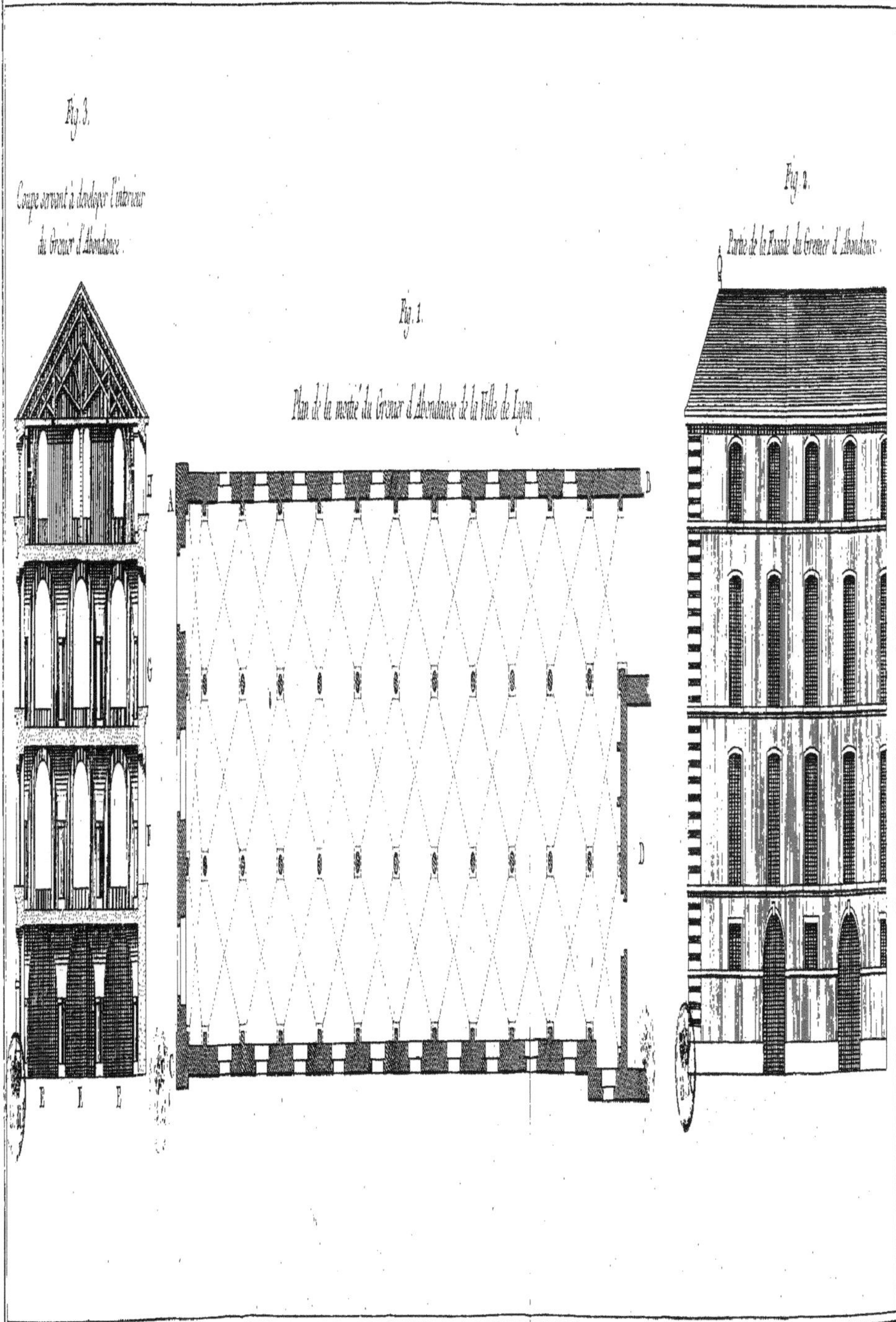

Fig. 3.
Coupe servant à développer l'intérieur
du Grenier d'Abondance.
Fig. 1.
Plan de la moitié du Grenier d'Abondance de la Ville de Lyon.
A
B
G
F
D
E E E
Fig. 2.
Partie de la Façade du Grenier d'Abondance.
Q

PARALLELE des greniers d'abondance de Lyon avec les nôtres.

Comme les frais de conſtruction ſont en pareil cas un article important & bien digne d'attention, il eſt bon d'être prévenu que ſuivant une eſtimation proviſionnelle faite par M. Dubuiſſon, Entrepreneur des hôpitaux, les greniers de Lyon étant conſtruits à Paris coûteroient de bâtiſſe cinq cents mille livres, & les nôtres trois cents quarante : c'eſt déja une économie de cent ſoixante mille livres ſur la bâtiſſe.

L'économie ſeroit beaucoup plus grande, ſi l'on faiſoit les greniers *c c c* &c. *Planche X.* en bois, à peu près comme celui de la *figure 4. Planche VI.* puiſque ces greniers étant établis ſur des chantiers, & dans un bâtiment où ils ſeroient iſolés, on pourroit ſe diſpenſer de faire les voûtes *I, I, I,* &c.

Figure 2. *Planche* IX. Plusieurs raifons me détermineroient à préférer cet établiffement à celui qui
eft tout en maçonnerie. Voyons
maintenant ce que l'un & l'autre
bâtiment peuvent contenir de froment.

Les greniers de Lyon ont chacun 354 pieds de longueur dans
œuvre, fur 50 de largeur ; ainfi ils
ont dix-fept mille fept cents pieds
quarrés de fuperficie ; fur quoi
il faut fouftraire, 1°. pour l'embafe
de 44 piliers qu'on eftime occuper chacun 3 pieds quarrés de fuperficie, 132 pieds quarrés: 2°.
quatre pieds de largeur tout au
pourtour du grenier pour le trottoir qui doit refter auprès des murs;
pour le talut du tas & pour l'efpace néceffaire pour remuer le
froment; lefquels quatre pieds qui
feront à peine fuffifants, font
3168 pieds quarrés, qui étant

joints à 132 pieds, font 3300 pieds quarrés qu'il faut fouftraire de 17700, étendue fuperficielle du grenier; ainfi il reftera 14400 pieds quarrés que le froment peut occuper.

Si l'on ne met le froment qu'à 18 pouces d'épaiffeur, comme on le pratique ordinairement, ce grenier contiendra 21600 pieds cubes de froment; ce qui fait pour les trois greniers 64800 pieds cubes : mais fi à caufe que les greniers font voûtés, on mettoit le froment à 2 pieds d'épaiffeur, chaque grenier contiendroit 28800 pieds cubes & les trois 86400.

Suivant notre projet, il y a autour de chaque moulin neuf greniers, qui ayant 20 pieds quarrés fur 10 de hauteur, contiennent chacun 4000 pieds cubes de froment; ainfi les neuf greniers, qui font à portée de chaque tour, contiendront 36000 pieds cubes,

& les trente-six greniers qui font
à portée des quatre tours, contiendront 144000 pieds cubes.
Ce qui fait 57600 pieds cubes de
plus que les greniers de Lyon;
ainfi il y a un avantage confidérable fur le contenu de ces greniers,
& une grande économie fur leur
établiffement.

CHAPITRE VII.

DES SOUFFLETS qu'on peut employer pour renouveller l'air des Greniers. (Pl. XII.)

ON a vu dans tout cet ouvrage combien il eft avantageux
de renouveller l'air contenu
dans les efpaces que les grains
de froment laiffent entre eux. Nos
expériences ont prouvé que par
ce renouvellement d'air on deffeche les grains humides, on empê-

che qu'ils ne s'échauffent, on prévient la fermentation qui altere
leur qualité, on diminue même la
mauvaife odeur qu'ils auroient acquis avant que d'être enfermés dans
nos greniers de confervation : enfin lorfque les grains ont été bien
defféchés dans les étuves, ce renouvellement d'air affure la confervation la plus parfaite ; de forte
que les grains ainfi rafraîchis par
un air nouveau, acquierent une
qualité fupérieure à tous autres.

J'ai déja dit que de grands foufflets m'avoient fourni le moyen
d'établir le courant d'air que je
jugeois avantageux à la confervation des grains. On fait qu'entre
les différentes efpeces de foufflets
qui font connus, j'ai choifi celui
que M. Hales, favant Anglois, a
imaginé, principalement pour renouveller l'air des prifons & de la
cale des vaiffeaux. Le foufflet à
ailes tournantes ou centrifuges

repréfenté (*Pl. XII. Fig.* 1 *&* 2,) de même que la manche à vent que nous employons fur les vaiffeaux, ne forcent pas affez l'air pour traverfer un gros tas de grain. Les foufflets de forge & celui à courcaillet ou cylindrique, propofé par M. Triewald, ont le défaut d'être formés par des cuirs que les rats, habitants des endroits où l'on conferve les grains, ne tarderoient pas à ronger. Les grands foufflets de forge, qui font tout de bois, feroient très-bons, mais leur exécution eft difficile. Le foufflet de M. Hales n'ayant aucun de ces inconvénients, & fatisfaifant à tout ce que je pouvois defirer, méritoit d'avoir la préférence. Effectivement la conftruction en eft plus fimple, fon établiffement peu coûteux, fon fervice commode, & fa folidité à l'épreuve de la maladreffe des gens les plus groffiers : il n'entre point de cuirs dans sa composition, & il est capable de pousser l'air avec autant de force qu'on le desire ; enfin depuis l'impression du livre de M. Hales, c'est le seul que j'aye employé; ainsi il convient que je donne la description de ce soufflet déja connu sous le nom de *Ventilateur*.

Pour se former une idée de ces soufflets, il faut se représenter deux caisses de chêne ou de sapin *A E F C*; *E B F D* (*Fig.* 3,) assez exactement jointes pour que l'air ne puisse s'échapper par les assemblages : il est bon que le dessus, au lieu d'être cloué, soit attaché avec des vis en bois, pour qu'on puisse le lever quand il y a des réparations à faire à l'intérieur. Aux bouts *C F D* sont huit grandes soupapes établies sur un bâti de menuiserie *I I*, *K K*. Quatre de ces soupapes *G* permettent à l'air de l'intérieur de la caisse de sortir, pendant que les quatre marquées *H* permettent à l'air extérieur d'entrer dans les caisses.

La figure 4 qui représente une de ces caisses à laquelle on a ôté le côté *D B*, laisse appercevoir une planche *L M* qu'on appelle le *diaphragme*. Cette planche qui doit être mince & légere, est attachée par des couplets sur la traverse *I* du devant de la caisse ; elle est mobile par son côté *L*, de sorte qu'en lui imprimant un mouvement vertical par le moyen de la tringle *P* qu'on hausse & baisse, on fait parcourir au diaphragme les diagonales *N M*, *O M*.

Maintenant il est évident que quand on porte vivement le diaphragme de *N* en *O*, toute la masse d'air contenue dans le prisme triangulaire, dont un des côtés est représenté par *N M O*, est chassée par la soupape d'en bas *G*, pendant qu'une pareille masse d'air entre dans la capacité du soufflet par la soupape d'en haut *H*. Le contraire arrive

arrive quand on porte le diaphragme de *O* en *N* : l'air entre par la
foupape inférieure *H*, & fort par
la fupérieure *G*.

On conçoit clairement que toutes les fois qu'on agite le diaphra-
me, il y a de l'air afpiré par deux
des foupapes *H*, & de l'air expiré
par deux des foupapes *G*, d'où il
réfulte un fouffle continuel.

Les précautions qu'on peut prendre pour la parfaite exécution de ce
foufflet, font 1°. que le bout *E B*
(*Fig.* 3,) ou *N O* (*Fig.* 4,) foit circulaire en dedans, pour que le diaphragme joigne plus exactement le
fond de la caiffe ; 2°. que les foupapes foient très-légéres ; 3°. qu'elles foient les plus grandes qu'on
pourra, afin que l'air puiffe paffer
fans réfiftance ; 4°. d'augmenter
plutôt les dimenfions du foufflet
en longueur & même en largeur
qu'en épaiffeur ; 5°. que la verge
P foit jointe au diaphragme par un

Y

verrouil qui tourne dans les cram-
pons *A* (*Fig.* 5,) pour qu'elle puisse
s'élever verticalement ; 6°. que le
deſſus des caiſſes ſoit percé d'une
fente ou mortaiſe *Q* (*Fig.* 4,) pour
que la verge *P* ne ſoit point gênée
dans ſon mouvement : afin qu'il
s'échappe moins d'air par cette ouverture , nous la couvrons par une
petite planche quarrée *T* (*Fig.* 3,)
qui eſt à couliſſe dans les deux taſ-
ſeaux *V V* ; 7°. que le diaphragme
ſoit mince , ſur-tout du côté de *L*
(*Fig.* 4,) pour que les mouvements
en ſoient plus faciles ; 8°. il faut
proportionner la grandeur des ſoufflets , à la quantité d'air qu'on veut
introduire dans le grenier & à la
puiſſance qu'on a pour faire jouer
les ſoufflets ; 9°. les deux caiſſes
A E F C & *E B D F* (*Fig.* 3,) ne
font ordinairement qu'une ſeule & même caiſſe partagée en
deux , par une cloiſon intérieure
qui s'étend de *F* en *E* : on n'a ſé-

paré les deux caiſſes que pour faciliter l'intelligence des deux ſoufflets qui ſont poſés à côté l'un de
l'autre.

On peut encore établir deux ſoufflets l'un au-deſſus de l'autre, comme M. Hales l'a pratiqué, pour renouveller l'air des priſons de New-
gate à Londres : il y a quatre ſoufflets réunis dans une même caiſſe,
comme on le voit (*Fig.* 11 ;) alors
chaque verge de fer fait jouer deux
diaphragmes : les ſoupapes (*x*) permettent à l'air de ſortir ; & celles
(*u*) lui permettent d'entrer.

La figure 6 repréſente une boîte
de menuiſerie en forme de buze ou
de mufle qui embraſſe les quatre
ſoupapes d'expiration , de ſorte
que le côté *R, R* (*Fig.* 6 ,) s'étend
juſqu'à *S, S* (*Fig. 3.*) Cette buze
eſt deſtinée à raſſembler l'air qui
ſort par les quatre ſoupapes *G* ; &
comme l'air qui ſort à la fois par
deux de ces ſoupapes doit paſſer par

Y ij

l'ouverture *T*, il faut que cette ouverture foit au moins double de la furface d'une des deux foupapes *G*.

X, *X*, font deux petits volets qui entrant dans des couliffes recouvrent les foupapes d'infpiration *H* (*Figure* 3.) Ils font fort utiles quand on ne fait pas ufage des foufflets, pour empêcher que les rats n'y entrent , d'où ils pafferoient dans les greniers. Comme on pourroit oublier de mettre ces volets à leur place , j'ai trouvé plus commode de faire couvrir les foupapes par un treillis de fil de fer affez ferré pour qu'une petite fouris ne puiffe paffer par les mailles.

En fuppofant que les foufflets de la figure 3 ont chacun fix pieds de longueur , trois pieds de largeur & un pied & demi d'épaiffeur ; à chaque coup de brimbale il fortira par l'ouverture *T* deux cents feize pieds cubes d'air ; ainfi en fix ou fept coups de foufflets tout l'air du grenier qui contiendroit quatre mille pieds cubes de froment, feroit renouvellé, dans la fuppofition même qu'il refte un tiers de vuide entre les grains de froment ; ce qui feroit exceffif, fi nous n'étions pas obligés de tenir compte de l'air qui s'échape par l'ouverture *Q* (*Fig.* 4) de celui qui paffe de la capacité inférieure à la fupérieure par les bords du diaphragme, & de ce qui fe perd par les joints ; mais comme nous jugeons qu'il faut mettre quatre foufflets pour les grands magafins, il eft fûr qu'en cinq coups de brimbale les foufflets chafferont une maffe d'air beaucoup plus confidérable que celle qui eft contenue entre les grains qui rempliffent un grenier contenant quatre mille pieds cubes de froment. Il ne faut cependant pas croire qu'après ce court efpace de temps tout l'air du grenier foit renouvellé ; il faudroit pour cela qu'il ne fortît point d'air des soufflets par les trappes du dessus du grenier, & que le vieux air s'échappât seul, ce qui est dénué de toute vraisemblance : ainsi pour savoir ce qu'il reste d'air ancien après un certain nombre de coups de soufflets, il faudroit avoir recours à ce problême tant de fois résolu, qui consiste à savoir, ce qu'il reste de vin dans un vase d'abord plein de vin sur lequel on a versé un certain nombre de mesures d'eau ; mais cette recherche seroit plus curieuse qu'utile ; il suffit de savoir en gros que l'air se renouvelle très-promptement dans nos greniers.

Ce qu'il y auroit à craindre, c'est que l'air des soufflets trouvant à certains endroits du tas plus de facilité à s'échapper que par d'autres, il ne se frayât une route par laquelle passant continuellement, il y auroit des coins du grenier où l'air ne seroit point renouvellé.

Pour faire concevoir comment on peut prévenir cet inconvénient, il faut imaginer que a, b, c, d (*Fig.* 7,) soit l'aire d'un grand grenier, & que (e, f,) soit le tuyau par lequel passe le vent des soufflets. On peut brancher sur ce porte-vent des tuyaux figurés comme (g), comme (h), ou comme (i) ; car en ménageant des regiſtres à l'endroit ou ces tuyaux s'aſſemblent au porte-vent, on pourra faire sortir à la fois l'air par tous les tuyaux, ou séparément par l'un ou par l'autre, suivant la partie du grenier qu'on jugera à propos d'éventer plus que le reſte : les fleches marquent la direction que l'air prendra en sortant de ces tuyaux.

M. Pommier, ingénieur des ponts & chauſſées, a cherché une maniere de diminuer le volume du soufflet de M. Hales : comme son idée eſt fort ingénieuſe, & qu'elle pourroit devenir utile dans des cas particuliers où l'on manqueroit d'emplacement, j'ai cru qu'on ne seroit pas fâché de trouver ici la description du soufflet qu'il a présenté à l'Académie.

La figure 8 représente ce soufflet prêt à être mis en mouvement. Sa boîte de sapin est de toutes parts au moins d'un pouce d'épaisseur ; les diaphragmes seront aussi de sapin, mais emboîtés de chêne par leur extrémité.

En *A* est un arbre servant de point d'appui à un levier du second genre, qui fait hausser & baisser l'étrier *B*, à l'aide des puissances appliquées en *G* & en *F*.

Cet étrier fait mouvoir le diaphragme inférieur (*a*, *b*, *c*,)(*Fig.* 9.)

La tige *C*, attachée à l'autre extrémité du levier *G F*, fait agir le diaphragme supérieur (*d*, *e*)(*Fig.* 9,) qui est posé diagonalement dans la boîte comme l'inférieur

(*b*,

(b, a, c.) Les deux puissances GF, agissent ensemble sur les deux diaphragmes, c'est-à-dire, que quand les deux puissances agissent, un des diaphragmes (d,) s'éleve, pendant que l'autre, (a, e,) s'abaisse.

A un bout de la boîte sont six soupapes : celles cotées (1, 2, 3,) s'ouvrent en dehors ; & les trois (4, 5, 6) s'ouvrent en dedans : celles-ci servent à l'inspiration ; & les autres à l'expiration.

Les trois tringles (7, 8, 9) (*Fig.* 8,) dont les côtés sont à queue d'aronde, servent à recevoir le mufle (*Fig.* 10,) qui rassemble l'air sortant par les trois soupapes d'expiration.

Quand on a pris l'idée du soufflet de M. Hales, celui de M. Pommier est aisé à concevoir ; & on apperçoit que le diaphragme unique ML (*Fig.* 4,) ne chasse que la moitié de l'air contenu dans la caif-

Z

se ; au lieu que par la disposition ingénieuse que M. Pommier a donné à ses deux diaphragmes , toute la masse d'air qui est dans sa caisse est chassée ; néanmoins quand on aura suffisamment d'emplacement, je crois qu'on fera bien de s'en tenir à celui de M. Hales, qui a le grand avantage d'être moins composé.

CHAPITRE VIII.

ORDRE qu'on doit suivre pour disposer le froment à être conservé dans nos greniers ; & l'application de notre méthode pour le transport des grains.

QUoique nous ayons expliqué dans le plus grand détail & le plus clairement qu'il nous a été

Fig. 3.
Fig. 4.
Fig. 1.
Fig. 2.
Fig. 11.
Fig. 5.
Fig. 6.
Fig. 7.
Fig. 8.
Fig. 9.
Fig. 10.
Echelle de 6 Pieds
1 2 3 4 5 6 Pieds

poſſible, toutes les préparations qu'on doit donner au froment avant de le déposer dans nos greniers de conſervation , & les attentions qu'il faut apporter pour empêcher qu'il ne contracte quelque mauvaiſe qualité ; nous avons cru qu'on verroit avec plaiſir toutes les opérations réunies dans un ſeul & même chapitre. Celui qui eſt chargé de la conſervation des froments n'a pas beſoin de ſavoir comment ſont conſtruits les greniers de dépôt & de conſervation , les proportions des pieces qui forment le moulin, ou le manege, la méchanique intérieure des ſoufflets , celle de l'étuve , des différents poëles , des cribles , &c. On ſuppoſe que l'établiſſement eſt ſolidement bâti , & qu'il eſt pourvu de tous les uſtenſiles néceſſaires ; mais l'homme chargé de la conſervation , ne doit ignorer aucun des articles ſuivants.

I.

On doit s'affurer, quand le grenier eft neuf, fi les murs en font fuffifamment fecs ; car s'ils étoient humides , le froment qui les toucheroit fe corromproit immanquablement : c'eft pour cette raifon que plufieurs perfonnes préféreront les greniers de bois à ceux de maçonnerie.

Si l'on établiffoit les greniers dans de vieux bâtiments , comme il s'en trouve fréquemment dans les villes & châteaux qui ont été autrefois fortifiés ; alors comme il n'y auroit à refaire que les crépis , ils feroient bien-tôt fecs ; mais fi on les bâtit entiérement à neuf, ils feront long-temps à fécher ; car il faut qu'il s'échappe bien de l'humidité des murs neufs ; en ce cas on fera bien de ne planchéïer le deffus du grenier que le plus tard qu'on pourra , & de faire jouer de temps en temps les soufflets pour dissiper l'air humide : mais quelque chose que l'on fasse, quand même on entretiendroit du feu dans le grenier, il faut nécessairement un temps considérable pour que l'humidité se dissipe entiérement.

Le conservateur (c'est ainsi que j'appellerai celui qui sera chargé de la conservation des froments,) pourra reconoître si les murailles sont seches, en mettant contre les murs à différents endroits, des planches peintes à l'huile ; car s'il s'échappe de l'humidité de ces murs, elle se rassemblera en gouttes sur la peinture.

I I.

A mesure qu'on apportera le froment dans les greniers de dépôt, soit qu'il vienne des granges ou du marché, le conservateur le fera passer par les différents cribles, comme il est dit dans le troisieme cha-

pitre, obſervant de répéter les opérations, ſi le froment étoit niellé
ou charbonné, ou chargé d'inſectes.

Le conſervateur ſéparera ſoigneuſement le beau & gros froment du petit, pour étuver à part
ces différents grains, & les mettre
dans différents greniers.

Le nettoiement doit être fait
avec beaucoup de ſoin , puiſqu'il
n'y aura plus à y revenir quand une
fois le froment aura été dépoſé
dans les greniers de conſervation.

III.

Lorſque le froment eſt bien nettoyé, il faut le paſſer à l'étuve;
pour cela le conſervateur 1°. le fera
jetter à la pêle dans les trémies :
2°. Quand l'étuve ſera chargée, il
deſcendra le thermometre par l'ouverture qui eſt au milieu de la voûte (a) : 3°. Il fermera cette ouver-

(a) Les thermometres qu'on fait ordinairement pour connoître la température de l'air ne

ture aussi-bien que celle des trémies, & il ouvrira le registre qui
est au tuyau de la cheminée : 4°. Il
allumera le poële & y fera grand
feu : 5°. Au bout de deux ou trois
heures, il tirera le thermometre
pour connoître la chaleur de son
étuve : 6°. Quand le thermometre
marquera entre 40 & 50 degrés,
il fermera les ouvertures du poële,
& en partie le registre de la cheminée, pour entretenir pendant six
heures le feu à un tel point que la
liqueur du thermometre se main-
tienne entre quarante & cinquante

font gradués que jusqu'à 40 degrés au-dessus de
zéro : ceux-ci doivent être assez étendus pour
que la liqueur puisse s'élever jusqu'à 70 ou 80
degrés. Il est nécessaire, comme on l'a dit plus
plus haut, de couvrir avec une plaque de tôle,
le dessus du tuyau qui décharge l'air chaud dans
l'étuve, pour empêcher que cet air ne se porte
directement sur le thermometre, ce qui pourroit le faire rompre. Il est encore bon que le
thermometre soit renfermé dans une boîte couverte d'un treillis de fil de laiton, pour le défendre des accidents auxquels il pourroit être
exposé.

Z iiij

degrés : 7°. Alors il fermera très-exactement toutes les ouvertures du poële , & quand il ne verra plus sortir de fumée par le tuyau de la cheminée, il fermera entiérement le regiftre (*a*) : 8°. Il laiffera l'étuve ainfi fermée pendant 16 heures, & après ce temps il ouvrira les trois ouvertures de la voûte pour laiffer les vapeurs humides fe diffiper. Le froment ayant ainfi refté 30 ou 36 heures dans l'étuve, ou pourra le tirer pour le remonter dans le grenier de dépôt.

Ce que nous venons de dire pour la conduite de l'étuve ne doit être regardé que comme une hypothefe ; car il eft évident que les grains fort humides doivent refter plus long-temps à l'étuve que les autres, & que les premieres étuvées exigent plus de feu & plus de temps

(*a*) On eft affuré que le poële ne fume plus, quand la braife eft couverte d'une cendre blanche fort légere.

que celles qu'on fait lorſque l'étuve & le poële ſont échauffés. Ainſi
le mieux ſera de s'aſſurer du parfait
deſſéchement du froment, en en
caſſant quelques grains ſous la dent;
s'il rompt net comme un grain de
riz, il eſt parfaitement ſec; mais il
ne faut faire cette épreuve que ſur
des grains qu'on aura tiré de l'étuve pour les laiſſer refroidir, car
juſqu'au parfait refroidiſſement, ils
continuent à perdre de leur humidité.

I V.

Quand le froment étuvé ſera re-
monté dans le grenier de dépôt,
on le paſſera encore une fois au
crible à vent pour le refroidir &
emporter une pouſſiere fine que la
chaleur de l'étuve aura fait détacher du froment. Alors il ne ſera
plus queſtion que de le jetter dans
les greniers de conſervation, juſqu'à ce qu'ils ſoient pleins juſqu'aux
ſolives.

V.

Lorsque les neuf greniers qui appartiennent à chaque moulin seront remplis, un seul homme attentif, suffira pour veiller à la conservation de cette grande quantité de froment qui sera à couvert de tout déchet, quand même il resteroit dix ans dans ces mêmes greniers.

Si nous supposons que tous les greniers soient remplis, avec les précautions que nous venons de rapporter, le devoir du conservateur sera, 1°. de veiller à ce que ses moulins soient en bon état; bien entendu qu'il sera pourvu de dents & d'alluchons tout prêts à remplacer sur le champ ces pieces si elles venoient à manquer; & il aura soin de graisser tous les endroits où il y aura des frottements.

2°. Il tiendra tout exactement fermé, & n'ouvrira que les trappes & les regiſtres qui appartiendront au grenier qu'il éventera actuellement.

3°. Il viſitera ſoigneuſement les porte-vents, lorſque les moulins tourneront, pour s'aſſurer ſi l'air ne ſe perd pas ; & ſi cela étoit, il y remédieroit ſur le champ avec des morceaux de linge enduits de colle-forte, dans laquelle on aura mêlé un peu de chaux vive en poudre.

4°. Il aura l'attention de faire marcher ſes moulins toutes les fois qu'il fera du vent: le vent de Nord, frais & ſec, eſt préférable aux vents de la partie du Sud, qui ſont chauds & humides.

5°. Il éventera ſucceſſivement les uns après les autres, tous ces greniers : ſi néanmoins il appercevoit que le froment fût plus humide dans les uns que dans les autres, il les éventeroit plus fréquemment ou plus long-temps.

6°. Au moyen des regiftres qui appartiennent à chaque grenier, il pourra porter le vent tantôt à une partie, tantôt à une autre du même grenier ; & de temps en temps il portera le vent par-tout le grenier à la fois.

7°. S'il s'appercevoit qu'il tombât de l'eau fur les planches qui recouvrent le froment, il en avertiroit, pour qu'on y apportât un prompt remede : il en uferoit de même, fi quelque piece exigeoit une réparation trop confidérable pour qu'il pût l'exécuter lui-même.

8°. Quand les moulins ne tourneront pas, il aura foin de tenir les contrevents exactement fermés ; & comme les coups de vent peuvent arriver lorfqu'on s'y attend le moins, il ne laiffera jamais tourner les moulins pendant la nuit à moins qu'il ne foit de veille.

9°. Lorfque le vent fera trop violent, il pourra fermer une partie

des contrevents du côté du vent,
afin que le moulin ne tourne pas
avec trop de vîteſſe.

10°. Quand le vent ſera foible,
il pourra débrayer deux ſoufflets,
pour ſoulager les moulins, qui avec
les deux autres, ne laiſſeront pas
de rafraîchir le froment.

11°. Enfin, il tiendra tous les
greniers de dépôt & les étuves
bien propres. Quoiqu'il n'ait rien à
craindre des rats & des ſouris, il
leur fera cependant la guerre ; &
ſur toutes choſes il prendra bien
garde au feu.

V I.

Quand on vuidera les greniers
de conſervation, on en tirera une
certaine quantité de froment qu'on
répandra dans les greniers de dépôt pour le paſſer au crible avant
que de l'envoyer au moulin ou au
marché : cette opération eſt néceſſaire pour nettoyer le froment

d'une pouſſiere fine qui ſe déta-che toujours de l'écorce du fro-ment, & pour adoucir le froment qui eſt quelquefois un peu rude à la main, par les raiſons que j'ai détaillées dans ce Traité. Si après cette opération on le trouvoit en-core rude, on l'adouciroit en le paſſant dans le crible cylindrique.

Si pour avoir négligé quelques-unes de ces précautions, le fro-ment avoit contracté un peu d'o-deur, on le rétabliroit en le faiſant paſſer à l'étuve ; mais il faudra éviter de ſe mettre dans la né-ceſſité d'avoir recours à cette reſ-ſource.

Lorſqu'on fait de gros amas de froment, les cribles ſéparent beau-coup de menus grains qui ſont or-dinairement mêlés de quantité de mauvaiſes graines. Quand on aura bien nettoyé ce petit froment, on fera bien de le mettre à part dans un des greniers : car quoiqu'il y ait de valeur réelle plus d'un tiers de profit à acheter de beau froment, il se trouve rarement un septieme de différence du prix de ce petit froment au gros, lorsque les grains seront chers.

Pour appercevoir les avantages considérables qu'on retirera des pratiques que nous venons de prescrire, il ne faut que faire un parallele entre cette nouvelle méthode de conserver le froment, & celle qui est en usage.

1°. Suivant l'usage ancien, il falloit des greniers d'une étendue énorme : on a vu que nous faisons tenir une même quantité de froment dans une espace infiniment moindre ; puisque quatre tours environnées de bâtiments de médiocre conséquence renferment plus de froment que les immenses greniers de Lyon.

2°. Suivant l'ancien usage, pour

peu que les magasins fussent considérables, il falloit beaucoup d'ouvriers, & prêter à l'entretien des grains une attention continuelle : aujourd'hui, sitôt que le froment sera déposé dans nos greniers de conservation, un homme un peu vigilant suffira à l'entretien des plus gros approvisionnements.

3°. Le déchet occasionné par les rats, les souris, les oiseaux, les volailles, les insectes, les trémies, allarmoit le propriétaire qui voyoit dissiper son bien peu à peu : maintenant il sera assuré de trouver dans son grenier, au bout de 4 ou 5 années & même plus, la même quantité de froment qu'il y aura déposée.

4°. Toutes les années ne produisoient pas des grains propres à être conservés : en suivant les pratiques que nous avons indiquées, on sépare le bon froment d'avec

le

le froment infecté par la nielle &
le charbon ; on desseche celui qui
est humide ; on rétablit celui qui
avoit contracté une mauvaise o-
deur.

5°. Tout homme qui avoit de
grands greniers redoutoit avec raison, les manouvriers qu'il payoit
pour remuer ses grains : s'il les pre-
noit à la journée, ils employoient
mal leur temps ; s'il faisoit son
marché à la tâche, il n'y avoit
souvent que le dessus du tas de
remué, & la qualité du froment
s'altéroit : le froment devenoit-
il rare ? il avoit lieu de craindre
qu'on ne lui en dérobât ; maintenant il est déchargé de toutes ces
inquiétudes. Notre méthode n'est
pas seulement utile pour les magasins, elle peut encore être em-
ployée avec avantage pour en faciliter le transport, comme on le
verra dans le Chapitre suivant.

Nous croyons donc avoir ren-

A a

du la confervation de tous les grains beaucoup plus aifée & plus fûre qu'elle n'étoit ; & nous avons lieu d'efpérer qu'on fera dans les années d'abondance de grands magafins qui s'ouvrant à propos, feront d'un puiffant fecours lorfque les récoltes feront peu abondantes.

CHAPITRE IX.

Du transport des Grains.

Uelque précaution que l'on prenne, on ne pourra pas fubvenir aux befoins, lorfque les récoltes manqueront entiérement. Ainfi on fera quelquefois obligé de tirer des grains étrangers par mer. De plus, il y a des Provinces dans le Royaume qui confommant plus de froment qu'elles n'en recueillent, font forcées d'en

tirer de l'étranger. Ces grains
tranſportés par mer, ſouffrent toujours quelqu'altération ; car il faut
de néceſſité embarquer ces grains
dans la cale des vaiſſeaux. Or il y
a peu de bâtiments qui ne faſſent
un peu d'eau, & alors ce ſont des
vapeurs humides qui ſe répandent
dans la cale. Si les vaiſſeaux font
peu d'eau, cette eau ſe corrompt
& répand une odeur ſi infecte,
que ſouvent les Capitaines ſont
obligés de faire jetter de l'eau dans
la cale, afin que la pompe miſe
en action puiſſe emporter avec
cette eau nouvelle une partie de
l'eau croupie qui altere tout ce
qui eſt expoſé à l'impreſſion de la
vapeur qu'elle excite. D'ailleurs
c'eſt dans la cale qu'on embarque
les vivres, les ſalaiſons qui fer-
mentent, les fromages qui ſe pour-
riſſent, &c. toutes ces choſes
contribuent à l'altération de l'air
de la cale ; en un mot, il regne

A a ij

ordinairement dans cette cale un air chaud & humide qui excite puiſſamment la fermentation ; & cet air eſt quelquefois tellement altéré que les hommes qui ne ſont pas d'un tempéramenɬ robuſte, ne le peuvent reſpirer ſans tomber en foibleſſe.

On peut juger delà, ſi le froment qui a tant de diſpoſition à fermenter & qui eſt ſi ſuſceptible de contracter les mauvaiſes odeurs, peut reſter long-temps dans cette ſituation ſans contracter une altération conſidérable. L'humidité le fait renfler, la chaleur le fait germer, la mauvaiſe odeur lui fait contracter une mauvaiſe qualité. Il eſt d'expérience qu'une grande partie des grains tranſportés par mer ont ſouffert une altération plus ou moins grande, ſuivant la longueur du trajet & les autres circonſtances dont nous venons de parler.

Les Hollandois, dans la vue de mieux conserver les grains qu'ils transportent, en font desfécher à l'excès, & même ils en font rotir une partie dans des fours. Ils mêlent ce grain torréfié avec l'autre, pour abforber une partie de l'humidité qui altere toute une maffe. Cette méthode qui diminue un peu le mal, ne préferve pas les grains de toute altération, & les grains grillés diminuent un peu la qualité du pain ; ainfi je crois que l'on doit préférablement fuivre la méthode que je vais indiquer.

1°. Il faut établir dans la cale des caiffes ou petits greniers femblables à ceux *Planche VI. figure 4.* les bien brayer, & calfater en dehors, pour empêcher l'humidité d'y pénétrer.

2°. Bien desfécher par le moyen de nos étuves tout le gra n qu'on fe propofera de tranfporter.

3°. On dépofera le grain bien

deſſéché dans les greniers dont nous venons de parler, & on fermera le deſſus de ces greniers avec des planches, comme on le voit, *Planche VI. figure* 4.

4°. Comme les rats ſont très-redoutables dans les Vaiſſeaux, on fera bien de garnir d'un petit treillis de fil de cuivre les trappes du deſſus des greniers, afin que les rats ne puiſſent y entrer pendant qu'on tient les trappes ouvertes pour laiſſer échapper l'air des ſoufflets.

5°. On établira dans l'entrepont un grand ſoufflet, (*h*, *Planche VI. figure* 2,) dont le portevent *i*, traverſera le pont pour aller s'ouvrir au deſſous des greniers en faiſant deux coudes, comme celui marqué *r*, *figure* 6, *Planche VI.* Il eſt bon de remarquer que quoiqu'on établiſſe dans la cale pluſieurs greniers, néanmoins un ſeul ſoufflet ſuffira; parce que quand on voudra rafraîchir les différents greniers, on y portera le vent par des tuyaux ; ou bien on transportera le soufflet vers le grenier qu'on voudra éventer.

6°. Pendant la traversée, on aura soin de rafraîchir tantôt un grenier, tantôt un autre, en faisant jouer le soufflet tous les jours, une heure & demie le matin & autant le soir.

7°. Quand on sera rendu au Port, on passera encore le grain à l'étuve, pour emporter toute l'humidité qu'il auroit pu contracter, & afin de dissiper le peu de mauvaise odeur qu'il auroit pu contracter dans la cale. Par ce moyen on aura sûrement du grain de très-bonne qualité, & qui sera en état d'être conservé dans les greniers ordinaires, ou dans les greniers que nous avons proposés, si l'on prévoit qu'on doive le tenir long-temps en magasin.

On trouvera peut-être que la

méthode que nous venons de proposer pour transporter les grains,
exige des frais & des soins qui de-
viendroient à charge. Mais si on
les compare avec les pertes auxquelles on s'expose en suivant l'u-
sage ordinaire, selon lequel une
partie du grain se trouve souvent
avarié & le reste tellement diminué
de qualité, qu'on est obligé de le
vendre à bas prix, je suis persuadé
qu'on ne regrettera pas les soins &
les peines qu'exigent la méthode
que nous venons de proposer.

Souvent les Etrangers se chargent eux-mêmes de nous livrer
leurs grains dans nos Ports. En ce
cas, on ne pourra pas prendre les
précautions que nous venons d'indiquer pour les embarquer & les
conserver dans la traversée ; mais
c'est alors qu'il faut redoubler d'attention, à leur arrivée pour les rétablir, en les passant par l'étuve &
par le crible à vent, &c. comme
nous l'avons dit.   Ce

Ce que nous venons de détailler pour le tranſport des grains par Mer pourroit, moyennant quelques changements, avoir ſon application pour leur tranſport ſur les Rivieres ; & on ne ſeroit plus dans le cas de voir des charges entieres de bateaux perdues. Pour cela il ne ſeroit peut-être pas impoſſible de faire jouer les ſoufflets par le courant de l'eau.

Il faut avouer qu'il ſeroit bien difficile d'avoir à la portée des grandes Villes, aſſez de greniers de conſervation pour contenir tout le froment qu'on fait venir dans les années de diſette ; mais ſi à meſure qu'on débarque ce froment, on le faiſoit paſſer par des étuves, on pourroit le dépoſer avec ſûreté dans les greniers ordinaires, d'autant que dans cette circonſtance la conſommation ſe fait aſſez promptement.

Bb

CHAPITRE X.

Rapport des Mesures de Paris au pied cube.

COmme nous avons travaillé pour toutes les Provinces, nous avons évité de parler d'aucune Mesure d'usage ; & nous avons tout réduit en pieds cubes : parce que sachant la quantité de pouces cubes ou le poids du grain contenu dans une mesure quelconque, il sera aisé de réduire les pieds cubes aux mesures qui sont en usage dans chaque Province. Néanmoins pour fixer encore mieux les idées, je vais ajouter ici un tarif des mesures de Paris ; parce qu'elles sont assez généralement connues dans tout le Royaume.

Les mesures qui sont en usage pour les grains, sont ; le muid, le fetier, la mine, le minot, le boiffeau & le litron.

Le muid contient douze fetiers, le fetier deux mines, la mine deux minots, le minot trois boiffeaux, le boiffeau feize litrons.

Il n'eft point d'ufage de faire des mefures qui contiennent un muid, un fetier, une mine : ces maffes de grains font trop confidérables pour être maniées commodément ; ainfi ce font des mefures idéales, & tous les grains qui s'achetent & fe vendent, fe mefurent dans le minot ou dans le boiffeau, ou pour les petites quantités, dans le litron.

Les Auteurs qui ont traité de la capacité des mefures, fe font ordinairement attachés au boiffeau d'où ils ont conclu toutes les autres mefures ; mais on ne trouve pas une uniformité parfaite dans les réfultats des recherches qu'ils ont faites pour établir la capacité du boiffeau.

Suivant l'Ordonnance du 13 Juillet 1727, imprimée dans le Code militaire, le boisseau de Paris dont on se sert pour fournir l'étape aux troupes, est évalué à une mesure quarrée de huit pouces de côté sur dix de hauteur ; ainsi, suivant cette Ordonnance, le boisseau de Paris contient 640 pouc. cubes.

Suivant l'Ordonnance de 1669 rappellée dans un Réglement du Prévôt des Marchands, du 19 Décembre 1670, le boisseau de Paris doit contenir 645 pouces cubes & $\frac{7590}{11820}$.

Suivant les Mémoires de l'Académie des Sciences, (a) le boisseau de Paris contient 644 pouces cubes $\frac{68}{100}$.

Je ne sais sur quelle autorité l'Auteur du tarif qui est à la fin du Calendrier de la Cour, dit que le boisseau de Paris contient 576 pou-

(a) Voyez anciens Mémoires de l'Académie. Tome VI. *Mensura liquidorum* : pag. 405 & seqq.

ces cubes. Je foupçonne feulement qu'il a adopté le fentiment de Dudée qui dit , qu'une mefure d'un pied cube répond à trois boiffeaux de Paris ; mais Dudée fuppofe que la mefure d'un pied cube eft remplie comble, & le Calendrier la fuppofe rafe , ce qui fait à peu près un neuvieme d'erreur. N'importe , pour éviter toute fraction, & afin que chacun puiffe , fans calcul & fur le champ, prendre une idée de la capacité de nos greniers , nous adoptons le tarif du Calendrier de la Cour ; ceux qui voudront tendre à une plus grande exactitude pourront employer la mefure fixée par l'Académie des Sciences. Sur ce pied le muid de Paris contient 48 pieds cubes, le fetier quatre pieds cubes, la mine deux pieds cubes, le minot un pied cube , le boiffeau 576 pouces cubes, le litron trente- fix pouces cubes.

Le poids du froment varie fuivant la façon plus ou moins exacte dont il s'arrange dans la mesure & suivant la qualité du grain.

J'ai quelquefois pesé tout de suite plusieurs pareilles mesures de froment, & j'ai trouvé une livre & demie & quelquefois 2 livres de différence d'une mine à une autre.

La différente qualité des grains, la sécheresse ou l'humidité de l'air produisent des variétés bien plus sensibles sur le poids des grains ; car il a résulté d'un grand nombre d'expériences faites pendant quinze ans, (*a*) que le poids du setier varie de 201 à 205 ; mais si l'on veut prendre pour exemple le plus beau froment qui est toujours le plus pesant, le muid de Paris pesera tout au plus 4800 livres, le setier 240, la mine 120 livres, le minot ou le pied cube 60 livres, le boisseau 20 livres, & le litron une livre quatre onces.

(*a*) Voyez *Essai sur la nourriture*, p. 53.

TABLE
DES MATIERES.

CHAPITRE I.

Effai fur la Confervation des Grains, 1

REMARQUES.

CHAPITRE II.

Idées générales de nos recherches sur la Conservation des Grains, & les Expériences qui ont été faites en conséquence.

EXPÉRIENCE faite sur 94 pieds cubes de froment non étuvé, qui a été conservé pendant plus de six ans avec la seule précaution de l'éventer de temps en temps. 55

R E M A R Q U E.

DES CHARANSONS. 89

R E M A R Q U E.

CHAPITRE III.

Du nettoiement qu'il faut donner au froment avant que de le passer à l'étuve. 101

CHAPITRE IV.

Deſcription de l'étuve, avec la maniere de deſſécher les grains. 119

Premiere Expérience pour connoître combien le froment perd en volu-

CHAPITRE

CHAPITRE V.

Description du poële que nous avons employé pour chauffer l'étuve.

CHAPITRE VI.

Des Greniers de Conservation. 196

CHAPITRE VII.

CHAPITRE VIII.

CHAPITRE IX.

CHAPITRE X.

Fin de la Table.

Extrait des Regiſtres de l'Académie Royale des Sciences.

Du 6 Septembre 1752.

MESSIEURS DE JUSSIEU le cadet, & DE MONTIGNY, qui avoient été nommés pour examiner un Ouvrage de M. DUHAMEL, intitulé : *Traité de la Conſervation des Grains*, en ayant fait leur rapport ; l'Académie a jugé cet Ouvrage digne de l'Impreſſion : en foi de quoi j'ai ſigné le préſent Certificat. A Paris ce 25. Novembre 1752.

Signé GRANDJEAN DE FOUCHY, *Secrétaire perpétuel de l'Académie Royale des Sciences.*

PRIVILEGE DU ROI.

LOUIS, PAR LA GRACE DE DIEU, ROI DE FRANCE ET DE NAVARRE : A nos amés & feaux Conseillers les Gens tenants nos Cours de Parlement, Maitres des Requêtes ordinaires de notre Hôtel, Grand Conseil, Prévôt de Paris, Baillifs, Sénéchaux, leurs Lieutenants Civils, & autres nos Justiciers qu'il appartiendra : SALUT. Notre amé HIPPO-LYTE-LOUIS GUERIN, Imprimeur & Libraire à Paris, Nous ayant fait exposer qu'il auroit entrepris de continuer l'Impression d'une Collection des *Historiens de France depuis l'origine de la Nation*, dont il a déja publié huit Volumes *in-folio* : Et comme cet Ouvrage, autant utile à la République des Lettres, que glorieux à notre Royaume, engage l'Exposant dans des dépenses considérables, il Nous a très-humblement fait supplier de vouloir bien, pour l'aider à supporter les frais d'une si grande entreprise, lui accorder nos Lettres de continuation de Privilege, tant pour l'impression dudit Livre, que pour l'impression ou la réimpression de plusieurs autres, dont les Privileges sont expirés ou prêts à expirer ; offrant pour cet effet de les imprimer ou faire imprimer en bon papier & beaux caracteres, suivant la feuille imprimée & attachée pour modéle sous le contrescel des Présentes. A CES CAUSES, Voulant favorablement traiter ledit Exposant, & encourager par son exemple les autres Imprimeurs & Libraires à entreprendre des Editions utiles pour l'honneur de la France & le progrès des Sciences, Nous lui avons permis & accordé, permettons & accordons par ces Préfentes, de continuer d'imprimer ladite Collection des *Hiftoriens de France depuis l'origine de la Nation*, fous le titre de *Recueil des Hiftoriens des Gaules & de la France*, & d'imprimer ou faire réimprimer les Livres intitulés : *Sermons de Bourdaloue*, *Traités de la Culture des Terres & de la Confervation des Grains*, &c. &c. en tels Volumes, forme, marge, caractere, conjointement ou féparément, & autant de fois que bon lui femblera, & de les vendre, faire vendre & débiter par tout notre Royaume, pendant le temps de vingt annés confécutives, à compter de la date des Préfentes, & de l'expiration des précédents Privileges. Faifons défenfes à tous Imprimeurs, Libraires & autres perfonnes de quelque qualité & condition qu'elles foient, d'en introduire d'impreffion étrangere dans aucun lieu de notre obéiffance ; comme auffi d'imprimer ou faire imprimer, réimprimer ou faire réimprimer, vendre, faire vendre ni débiter lefdites Livres, en tout ou en partie, ni d'en faire aucuns extraits, fous quelque prétexte que ce foit, d'augmentation, correction, changement ou autres, fans la permiffion expreffe & par écrit dudit Expofant, ou de ceux qui auront droit de lui, à peine de confifcation des Exemplaires contrefaits, & de trois mille livres d'amende contre chacun des contrevenants, dont un tiers à Nous, un tiers à l'Hôtel-Dieu de Paris, & l'autre tiers audit Expofant, ou à celui qui aura droit de lui, & de tous dépens, dommages & intéréts ; à la charge que ces Préfentes feront enregiftrées tout au long fur le Regiftre de la Communauté des Imprimeurs & Libraires de Paris, dans trois mois de la date d'icelles ; que l'impreffion & réimpreffion defdits Livres fera faite dans notre Royaume, & non ailleurs ; que l'Impétrant fe conformera en tout aux Réglements de la Librairie, & notamment à celui du 10 Avril 1725 ; qu'avant de les expofer en vente, les Manufcrits ou Imprimés qui auront fervi de copie à l'impreffion & réimpreffion defdits Livres, feront remis dans le même état où l'Approbation y aura été donnée, ès mains de notre très-cher & féal Chevalier, Chancelier de France, le Sieur DE LAMOIGNON ; & qu'il en fera enfuite remis deux Exemplaires de chacun dans notre Bibliotheque publique, un dans celle de notre Château du Louvre, un dans celle de notredit très-cher & féal Chevalier, Chancelier de France, le Sieur DE LAMOIGNON, & un dans celle de notre très-cher & féal Chevalier, Garde des Sceaux de France, le Sieur DE MACHAULT, Commandeur de nos Ordres, le tout à peine de nullité des Préfentes. Du contenu defquelles vous mandons & enjoignons de faire jouir ledit Expofant, & fes ayans caufe, pleinement & paifiblement, fans fouffrir qu'il leur foit fait aucun trouble ou empêchement. Voulons que la copie des Préfentes, qui fera imprimée tout au long au commencement ou à la fin defdits Livres, foit tenue pour duement fignifiée, & qu'aux copies collationnées par l'un de nos amés & féaux Confeillers & Secretaires, foi foit ajoutée comme à l'Original. Commandons au premier notre Huiffier ou Sergent, fur ce requis, de faire pour l'ex

cution d'icelles, tous Actes requis & néceſſaires, ſans demander autre permiſſion, & non-
obſtant Clameur de Haro, Chartre Norman-
de, & Lettres à ce contraires. CAR tel eſt notre plaiſir. DONNE' à Verſailles le vingt-neu-
vieme jour du mois de Juin, l'an de gracé mil
ſept cens cinquante-trois, & de notre regne
le trente-huitieme. Par le Roi en ſon Conſeil.

Signé, SAINSON.

*Regiſtré ſur le Regiſtre XIII de la Cham-
bre Royale des Libraires & Imprimeurs de Paris, Nᵒ. 212. fol. 170. conformément aux anciens Réglemens, confirmé par celui du 28
Février 1723. A Paris, le Août 1753.
Signé, DIDOT, Syndic.*